따뜻한
한  끼
식사빵

**따뜻한 한 끼 식사빵** : 매일 먹어도 질리지 않는 식빵, 치아바타, 포카치아, 베이글

**초판 발행** 2016 년 6 월 1 일
**2쇄 발행** 2016 년 7 월 18 일

**지은이** 이유선 / **펴낸이** 김태헌
**총괄** 임규근 / **책임편집** 권형숙 / **기획·편집** 김지수 / **교정교열** 박성숙 / **디자인** 석운디자인
**영업** 문윤식, 조유미 / **마케팅** 박상용, 서은옥 / **제작** 박성우, 김정우

**펴낸곳** 한빛라이프 / **주소** 서울시 마포구 양화로 7길 83 한빛빌딩 3층
**전화** 02-336-7129 / **팩스** 02-336-7124
**등록** 2013 년 11 월 14 일 제 2013-000350 호 / ISBN 979 -11-85933-41-2 13590

한빛라이프는 한빛미디어(주)의 실용 브랜드로 우리의 일상을 환히 비추는 책을 펴냅니다.

이 책에 대한 의견이나 오탈자 및 잘못된 내용에 대한 수정 정보는 한빛미디어(주)의 홈페이지나 아래 이메일로
알려주십시오. 잘못된 책은 구입하신 서점에서 교환해 드립니다. 책값은 뒤표지에 표시되어 있습니다.
한빛미디어 홈페이지 www.hanbit.co.kr / 이메일 ask_life@hanbit.co.kr
한빛라이프 페이스북 @hanbitlife / 인스타그램 @hanbit_life

지금 하지 않으면 할 수 없는 일이 있습니다.
책으로 펴내고 싶은 아이디어나 원고를 메일(writer@hanbit.co.kr)로 보내주세요.
한빛라이프는 여러분의 소중한 경험과 지식을 기다리고 있습니다.

# 따뜻한 한 끼 식사빵

매일 먹어도 질리지 않는
식빵, 치아바타, 포카치아, 베이글

이유선 지음

한빛라이프

대학교를 졸업할 때쯤 취미로 베이킹을 시작했다가 그 매력에 빠져 동경
제과학교로 유학을 다녀온 후 12년째 빵을 만들고 있습니다. 몇 년 전까
지만 해도 빵을 배우고 싶다는 사람을 만나보면 대부분 케이크를 만들고
싶어 했습니다. 케이크는 제빵이 아니라 제과에 속하는데, 제과와 제빵
의 차이를 잘 모르는 분이 많았던 것이죠. 하지만 요즘은 달라졌습니다.
효모가 발효돼 반죽을 푹신푹신하게 만드는 과정과 그 기다림을 이해하
고 빵을 만들어보고 싶어 하는 사람이 많아졌습니다.

빵은 살아 있습니다. 레시피대로 정확하게 계량하고 순서대로 만들어도
맛있는 빵이 나오지 않을 수 있습니다. 레시피를 기본으로 그날의 날씨와
습도에 따라 수분을 조절하고, 빵 반죽의 상태와 효모의 활동을 이해해야
원하는 빵을 얻을 수 있기 때문입니다. 그렇다고 처음부터 완벽한 빵을 만
들기 위해 애쓸 필요는 없습니다. 오히려 시행착오를 거치는 그 과정을 흥
미진진하게 즐겨보세요.

이 책에서는 한 끼 식사로 손색없고 샌드위치를 만들기에도 좋은 담백한
식사 빵 만드는 방법을 소개합니다. 식사 빵의 기본인 식빵, 이탈리아의 대
표 식사 빵인 치아바타와 포카치아, 아침 식사 빵으로 널리 알려진 베이글
입니다. 먼저 우유식빵 만들기부터 시작해보세요. 우유식빵에 자신이 생
기면 다른 재료를 더해 자신만의 식빵을 만들기는 쉽습니다. 치아바타, 포
카치아, 베이글도 마찬가지입니다. 플레인치아바타, 올리브포카치아, 플
레인베이글 레시피를 이해하면 좋아하는 재료를 더해 얼마든지 응용할 수

있습니다.

이렇게 하나하나 만들다 보면 자신만의 노하우가 쌓이고, 빵의 이론과 효
모의 발효 패턴도 읽힐 것입니다. 이론도 필요하지만 더욱 중요한 것은 도
전입니다. 이 책을 통해 많은 분이 빵 만들기의 즐거움을 느꼈으면 좋겠습
니다.

동경제과학교 시절부터 옆에서 저의 모자란 부분을 채워준 플라리네 한쌤,
책을 낼 수 있도록 용기를 준 지우 언니, 언제나 한걸음에 달려와 도와주는
김옥쌤, 메시맘, 효선 언니, 숙경이, 제가 만든 빵이 세상에서 최고로 맛있
다고 해주시는 부모님 그리고 슈비와 동실이에게 감사의 마음을 전합니다.

이유선

# CONTENTS

## PART 1     BREAD
### 식빵

인스턴트 드라이이스트

물

통밀

사프 루브르

크라프트믹스

소금

프랑스 밀가루

호밀

생이스트

백밀가루

# 기 본 재 료

빵을 만드는 기본 재료는 밀가루, 이스트, 소금, 물입니다.

### 밀가루 wheat flour

빵을 만들 때 흔히 사용하는 백밀가루는 글루텐 함량에 따라 강력분, 중력분, 박력분으로 나뉜다. 글루텐은 반죽을 차지게 만드는 단백질 성분으로, 쫄깃한 식감의 빵을 만들 때는 글루텐 함량이 높은 강력분을 사용하고 바삭한 과자를 만들 때는 글루텐 함량이 낮은 박력분을 사용한다. 또한 빵에 부드러운 식감을 더하기 위해 강력분에 중력분을 섞어 사용하기도 한다. 통밀가루는 밀을 껍질째 제분해 밀기울과 밀 배아가 들어 있는 것으로 섬유질과 비타민 함량이 높고, 호밀가루는 백밀가루보다 글루텐 함량이 낮아 쫄깃한 식감이 덜하다. 크라프트믹스는 여러 가지 곡물을 갈거나 조각내서 만든 잡곡 가루로 염분이 약간 포함되어 있으며 고소한 맛을 낼 때 주로 사용한다. 그리고 프랑스 밀가루는 바게트와 치아바타 등을 만들 때 주로 사용한다.

### 이스트 yeast

이스트는 발효 효모로 인공적인 화학 첨가물이 아니라 당을 먹고 이산화탄소와 알코올을 생성하는 살아 있는 균이다. 이스트만 사용할 경우 한 가지 풍미밖에 내지 못하지만 공기 중의 여러 균과 비교할 때 반죽을 가장 잘 부풀리는 장점이 있다. 70% 정도가 수분으로 이루어져 있는 생이스트와 과립 형태인 사프 루브르는 반죽 전에 미지근한 물에 풀어서 사용한다. 그대로 사용하는 인스턴트 드라이이스트는 저당용(레드)과 고당용(골드)으로 나뉜다.

### 소금 salt

소금은 모든 음식에서 가장 중요한 재료다. 빵을 만들 때도 소금이 들어가지 않으면 맛이 나지 않는다. 꽃소금, 구운 소금, 천일염 등이 있는데 염도는 일반적으로 정제 꽃소금이 가장 높다.

### 물 water

물은 빵 반죽에서 밀가루 분량의 50~90%를 차지한다. 이렇듯 높은 비율을 차지하는 재료인 만큼 물의 맛, 함량, 온도가 매우 중요하다. 경수(센물)보다는 정수를 사용하는 것이 좋다.

## 그 밖의 재료

### 설탕 sugar

흑설탕은 정제하지 않은 설탕으로 수분 함량이 높고 독특한 향이 나며 깊은 맛을 낸다. 황설탕은 백설탕에 캐러멜 색을 더한 경우가 많다. 유기농 설탕은 입자가 굵고, 정제되지 않아 다양한 영양소가 들어 있다. 빵을 만들 때는 주로 백설탕을 사용하는데, 가장 구하기 쉽고 입자가 고우며 당도의 기준이 되어 간편하기 때문이다. 그 밖에 포도당, 분당, 슈거파우더, 그라뉴당 등도 사용한다.

### 생크림 fresh cream

우유의 지방분을 분리한 것으로 반죽을 부드럽게 하고 수분을 유지한다.

### 우유 milk

빵을 만들 때는 일반 우유를 사용한다. 저지방 우유는 대체로 사용하지 않는다.

### 달걀 egg

달걀은 반죽을 부드럽게 하고 고소한 맛을 더한다. 빵을 만들 때는 흰자와 노른자를 따로 사용하지 않는 것이 일반적이지만 진하고 고소한 맛을 내기 위해 노른자를 추가하는 경우도 있다.

연유

달걀

몰트

우유

물엿

버터밀크

생크림

탈지분유

꿀

설탕

포도씨유

올리브유

버터

### 연유 condensed milk

원유에 설탕을 넣고 농축시킨 것으로 단맛을 내며, 반죽을 부드럽고 촉촉하게 한다.

### 꿀 honey

과자나 빵을 만들 때 맛과 향을 더하기 위해 넣는데, 전화당의 한 종류로 사용한다.

### 물엿 starch syrup

빵의 촉촉한 식감을 내기 위해 사용한다.

### 몰트 malt

당밀. 끈적끈적하고 검은 당류로 조청과 비슷하다. 유럽 빵을 만들 때 사용한다.

### 탈지분유 powdered skim milk

반죽을 부드럽게 하고 고소한 맛을 낸다.

### 버터밀크 buttermilk

탈지분유나 우유와 비슷한 역할을 하며, 약산성이라 반죽의 발효가 잘되도록 돕는다.

### 카놀라유, 포도씨유 oil

식물성 기름으로 빵을 부드럽게 하고, 빵의 노화를 방지한다.

### 올리브유 olive oil

올리브 향이 특징인 포카치아, 치아바타 등 이탈리아 빵 반죽에 사용한다.

### 버터 butter

우유의 유지방으로 빵을 만들 때는 무염 버터를 주로 사용한다.

냄비

주방장갑

반죽통, 분할통

스테인리스 볼

식빵 틀

식힘망

붓

저울

주걱

가위

오븐 철판

# 기 본 도 구

**| 스테인리스 볼 |** 빵 반죽을 할 때나 재료를 준비하는 데 사용하며 이 책에 소개한 레시피에는 지름 21㎝ 정도의 크기가 적당하다.

**| 오븐 철판, 식빵 틀 |** 빵 반죽을 올려 구울 때 사용한다.

**| 저울 |** 1g 단위로 5kg까지 계량되는 전자저울이 사용하기 편하다.

**| 주걱 |** 단단한 재료를 섞을 때는 나무 주걱, 반죽을 섞거나 정리할 때는 실리콘 주걱을 사용하면 편하다.

**| 붓 |** 토핑류, 달걀물, 버터류를 빵 위에 바를 때 사용한다.

**| 식힘망 |** 구운 빵을 식히는 도구다. 다리가 있는 것을 사용하면 빵이 식는 과정에서 습기 차는 것을 방지하고 빠른 부패를 막아준다.

**| 반죽통, 분할통 |** 반죽을 보관하거나 발효시킬 때 사용하며 반죽의 발효 정도가 보이는 반투명 제품이 좋다.

**| 냄비, 주방장갑 |** 재료를 끓이거나 베이글 반죽을 보일링할 때 사용한다. 장갑은 빵을 오븐에서 꺼낼 때도 사용한다.

**| 가위, 칼 |** 완성된 빵의 모양을 내거나 자를 때 사용한다.

| **스크레이퍼** | 반죽할 때는 둥근 스크레이퍼, 반죽을 나눌 때는 사각 스크레이퍼를 사용한다.

| **랩** | 반죽이 마르지 않도록 보호하기 위해 사용한다.

| **타이머** | 반죽 시간, 오븐에 구워내는 시간 등을 체크할 때 사용한다.

| **온도계** | 물이나 반죽의 온도를 잴 때 사용한다.

| **오븐 온도계** | 오븐의 온도를 확인할 때 사용하며 250℃ 이상 측정 가능한 제품이 좋다.

| **나무 밀대** | 반죽을 밀어 넓게 펴거나 성형할 때 사용한다.

| **나무판** | 빵 반죽을 올려두거나 운반할 때, 오븐에 넣고 뺄 때 사용한다.

| **테프론 시트** | 테프론 시트 위에 빵 반죽을 올리면 철판 없이 오븐에 넣어 구울 수 있다.

| **광목 천** | 빵 반죽을 발효시킬 때나 바게트, 치아바타, 하드 계열 유럽 빵의 2차 발효 시 사용한다.

| **반죽기, 믹서, 제빵기** | 반죽할 때 사용하며, 없으면 손 반죽을 한다.

| **오븐** | 데크 오븐은 윗불과 아랫불 온도를 다르게 정할 수 있고, 컨벅션 오븐은 열풍으로 온도를 올려주기 때문에 일정한 온도를 지정해서 사용한다. 컨벅션 오븐은 열풍이 강해 데크 오븐보다 빵이 조금 건조해지며, 보통 데크 오븐보다 10℃ 정도 낮춰서 설정한다.

* 이 책에서는 데크 오븐과 컨벅션 오븐 온도를 모두 표기했으며, 컨벅션 오븐은 가정용 소형 스메그 오븐을 기준으로 삼았다.

스크레이퍼

랩

테프론 시트

타이머

온도계

오븐 온도계

칼

나무판

나무 밀대

광목 천

# 기 본 과 정

빵을 만드는 과정은 기본적으로 아래와 같습니다. 스트레스와 휴식을 반복하는 과정으로 이해하면 쉽습니다.

반죽 ─ 1차 발효(펀치, 폴딩) ─ 분할 ─ 벤치타임 ─ 성형 ─ 2차 발효 ─ 굽기
큰 스트레스 ─ 긴 휴식 ─ 작은 스트레스 ─ 짧은 휴식 ─ 큰 스트레스 ─ 긴 휴식 ─ 굽기

### 반죽 ─ 큰 스트레스

빵 만들기에서 가장 중요한 과정은 '반죽'과 '1차
발효'다. 반죽은 많은 힘을 가해 글루텐을 잡는
과정이다. 이스트가 발효돼 탄산가스를 만들어
내도 반죽이 부풀 수 있는 여유를 주지 않고 빠르
게 힘을 주어 막을 형성하는 것이다. 이렇게 반죽을 치대는 과정을 이 책에서는 반죽
에 '스트레스를 준다'고 표현했다.

### 1차 발효 ─ 긴 휴식

발효는 쉬는 시간이다. 반죽을 하는 과정에 스트
레스를 받았다면 발효 시간에는 휴식을 취하는
셈이다. 이때 이스트가 글루텐 막 안에서 활발하
게 발효되면서 탄산가스를 품어 반죽이 부풀어
오른다. 반죽에 따라 1차 발효 중에 2배 또는 3배로 부풀기도 하며, 보통 25~32℃ 사
이에서 이루어진다.

### 펀치, 폴딩

펀치와 폴딩은 1차 발효 시 발효를 돕는 역할을
한다. 펀치는 발효되는 반죽을 주먹으로 퍽퍽 쳐
서 부푼 것을 살짝 꺼뜨리는 작업이고, 폴딩은 반
죽을 늘렸다가 접기를 반복하는 작업이다. 충전
물이 있을 때는 폴딩이 효과적이다. 효모는 어느
정도 발효돼 가스를 가득 뱉어내고 나면 발효를
잠시 멈추거나 느리게 발효된다. 이때 펀치와 폴
딩으로 반죽 안의 위치를 바꾸어주면 이미 만들

어진 가스가 빠지고 효모가 산소를 받아들이면서 다시 발효가 활발하게 이루어진다.

### 분할 — 작은 스트레스

1차 발효가 끝나면 반죽을 잘라 일정한 양으로
분할한다. 폭신하게 발효된 상태에서 분할한 반
죽에 다시 글루텐 막이 형성되도록 가볍게 둥글
리기를 하며 가스를 살짝 빼준다.

### 벤치타임 — 짧은 휴식

분할 과정에서 가볍게 둥글린 다음 실온에서 다
시 짧게 쉬는 시간을 주는 것이 벤치타임이다. 성
형이 잘되도록 기다리는 시간이다. 기온에 따라
다르지만 보통 10~20분이 소요된다. 이 시간에

효모가 다시 활동하여 반죽이 1.5~2배 부풀고 폭신폭신한 상태가 된다.

### 성형 — 큰 스트레스

반죽을 여러 가지 형태로 만드는 과정이다. 밀대
로 밀어 가스를 빼고 모양을 잡기도 한다. 그렇다
고 반죽 속의 가스를 모두 빼고 납작하게 만드는
것이 아니다. 반죽은 성형할 때도 탄력을 잃으면
안 된다.

### 2차 발효 — 긴 휴식

효모가 다시 발효되는 시간이다. 2차 발효는 발
효와 스트레스 과정을 반복해 지친 효모가 마지
막으로 잘 발효될 수 있도록 조금 더 높은 온도
에서 이루어진다. 식빵은 38~40℃, 유럽 빵은
25~38℃ 정도가 알맞고, 40분 정도 소요되며 반죽이 2배 정도 부풀면 발효를 마친
다. 뜨거운 물을 컵에 담은 다음 반죽과 함께 통에 넣고 뚜껑을 닫아 온도를 맞출 수
있다. 발효되는 동안 뜨거운 물을 2~3번 새로 갈아주면서 온도를 유지한다. 스티로
폼 통을 사용하면 온도 유지가 더 잘 된다.

### 굽기

오븐에 넣어 굽는 과정이다. 오븐 온도는 빵의 종
류에 따라 다르므로 각각의 레시피를 참고한다.
오븐에 구워냄으로써 이스트(효모)의 발효가 끝
난다.

# 손 반죽하기

빵 반죽을 할 때는 일반적으로 반죽기(제빵기나 스탠드 믹서)를 사용합니다. 간편하고 시간도 단축되기 때문이지요. 하지만 반죽기가 없어도 얼마든지 빵을 만들 수 있습니다. 손으로 힘 있게 치대면서 수분 조절에 신경 쓰는 것이 중요합니다. 블로그에 있는 동영상도 참고해보세요. http://blog.naver.com/praline601

1   스테인리스나 플라스틱 재질의 볼을 준비한다.
2   기본 우유식빵의 경우 모든 가루와 이스트, 버터를 볼에 함께 계량해도 된다.
3   ②에 달걀, 우유, 물을 넣고 주걱이나 스크레이퍼로 반죽을 뭉쳐나간다. 이때 수분 조절이 가장 중요하다. 물의 온도는 약간 미지근하게 준비하고, 물의 양은 기온과 습도에 따라 전체의 10~20% 정도 적거나 많게 해야 할 수 있으므로 80% 정도의 양만 넣은 다음 상태를 보며 조금씩 추가한다. 손 반죽은 반죽 시간이 길고 손에서 반죽의 수분을 흡수하므로 반죽을 조금 질게 시작하거나 반죽이 되게 느껴질 때마다 스프레이로 수분을 조금씩 공급하면서 반죽하면 좋다.
4   볼 안에서 반죽이 한 덩어리가 되면 스크레이퍼를 빼고 손으로 반죽을 치댄다. 빨래를 하듯 반죽을 늘렸다 접기를 반복하면 된다. 반죽의 양이 많을 경우 반죽을 볼 밖으로 꺼내서 반죽한다. 바닥은 나무판, 넓은 베이킹 시트, 대리석, 인조 대리석 등이 반죽하기 좋다.
5   반죽을 늘렸다 접기를 반복하다 어느 정도 찰기가 생기면 반죽을 위에서 아래로 치면서 접는다.
6   10~20분 정도 반죽을 치대면서 글루텐 상태를 확인한다. 반죽을 하다 잠깐 쉴 때는 반죽을 비닐로 덮어 마르지 않게 한다.
7   반죽을 늘려보아 손가락이 비칠 정도로 얇은 막이 생기면 완성이다. 이제 1차 발효로 넘어가면 된다.

## TIP
**다음 반죽을 위해 반죽 남겨두기**
빵 만들기에서 가장 힘든 과정이 반죽이다. 이럴 때 묵은 반죽이 있으면 좀 더 손쉽게 반죽할 수 있다. 빵을 만들다 반죽이 남을 경우 비닐에 넣어 냉장 보관(1~2일) 또는 냉동 보관(3~10일)한다. 손 반죽을 하는 중간에 남겨두었던 반죽을 넣어 함께 반죽하면 글루텐이 빨리 생겨 반죽 시간이 짧아진다. 또한 쫀득하고 차진 식감이 더 좋아지고 경우에 따라 촉촉함이 더 오래 유지된다.

PART 1

# BREAD
── 식빵 ──

# 우유식빵

달걀, 우유, 버터가 들어가는 부드럽고 담백한 식빵입니다. 이후 모든 식빵 만들기의 기본 레시피가 되니 꼭 먼저 알아두세요. 반죽, 1차 발효는 모두 우유식빵과 같은 방법으로 진행하고, 식빵의 종류에 따라 분할과 성형 방법만 달라집니다. 식빵은 식빵 틀 안에서 다양한 모양으로 성형할 수 있습니다. 또한 반죽했을 때와 발효 시간을 거쳐 부푼 모습, 오븐에서 구워져 나온 모습이 모두 달라 만드는 과정이 재미있습니다.

작은 식빵 틀(165×85×65mm) 2개 분량

──────── 반죽 재료 ────────

강력분 235g

설탕 20g

소금 4.5g

분유 6g

생이스트 8g(또는 인스턴트 드라이이스트 5g)

달걀 27g

우유 100g

물 40g

버터 15g


──────── 굽기 온도와 시간 ────────

데크 오븐 175/175℃

가정용 컨벡션 오븐 170℃, 15~18분

**1** 모든 재료를 반죽기에 넣고 저속으로 2분, 중속으로 4~8분 정도 반죽하면서 글루텐 상태를 확인한다. 글루텐 상태는 사진 1-2 와 같이 반죽을 늘렸을 때 손이 비치는 정도 면 된다. 물(또는 액체류)은 온도, 습도, 반죽 의 양에 따라 전체 양의 10~20% 정도는 가 감될 수 있다. 물은 항상 한꺼번에 넣지 않고 반죽의 상태를 보면서 조금씩 넣어야 한다.

**2** 상태를 보며 1~2분 정도 더 반죽한다.

**3** 반죽을 매끄럽게 둥글린다.

### 1차 발효

**4** ③의 반죽 온도를 28~30℃로 맞춘다.*

**5** ④의 반죽이 2.5배 정도로 부풀 때까지 30~60분간 1차 발효시킨다.

---

### 분할

**6**   ⑤의 반죽을 2등분한다. 반죽 하나가 215g 정도 된다.

### 벤치타임

**7**   분할한 반죽을 각각 공처럼 둥글려 가스를 뺀 다음 20분 정도 벤치타임을 가진다.

### 성형

**8**   ⑦의 반죽을 밀대로 밀어 타원형으로 편다.

**9**   ⑧을 돌돌 만다.

**10**   ⑨를 식빵 틀에 넣는다.

## 2차 발효

**11** ⑩을 38~40℃에서 40분 정도 2차 발효 시킨다. 반죽이 식빵 틀 위로 1㎝ 정도 올라오면 2차 발효를 마친다.

## 굽기

**12** 데크 오븐은 175/175℃, 가정용 컨벡션 오븐은 170℃에서 15~18분간 굽는다.

TIP

**적절한 물의 온도**

반죽을 완료했을 때 반죽 온도를 맞추기 위해서는 빵을 만들 때의 기온과 물의 온도를 꼭 알아야 한다.
이때 사용하는 공식은 "(반죽 온도×3) − 밀가루 온도 − 현재 기온 = 물의 온도"다. 하지만 더운 여름에는
반죽을 하는 동안 반죽기에서 열이 발생하므로 얼음물을 사용하고, 겨울에는 온도가 빨리 떨어질 수 있으므로
따뜻한 물을 사용하기도 한다. 반죽 온도는 1차 발효와 밀접한 관계가 있으므로 가능한 한 꼭 온도를 맞추는 것이 좋다.

# 롤치즈우유식빵

치즈를 좋아한다면 우유식빵을 만들 때 롤 치즈를 넣어보세요. 고소한 맛이 풍부해지고 좀 더 든든한 식사 빵이 됩니다.

**작은 식빵 틀(165×85×65mm) 2개 분량**

─────── **반죽 재료** ───────

강력분 235g

설탕 20g

소금 4.5g

분유 6g

생이스트 8g(또는 인스턴트 드라이이스트 5g)

달걀 27g

우유 100g

물 40g

버터 15g

─────── **첨가 재료** ───────

롤 치즈 50g

─────── **굽기 온도와 시간** ───────

데크 오븐 175/175℃

가정용 컨벡션 오븐 170℃, 15~18분

1  모든 반죽 재료를 반죽기에 넣고 우유식빵과 같은 방법으로 반죽하되(28쪽 참조) 반죽 과정의
   마지막에 준비한 롤 치즈를 반 정도 넣고 잘 섞이도록 손으로 치댄 다음 반죽을 한 덩어리로 만
   든다. 그리고 반죽을 1차 발효시킨다.*

2  ①의 반죽을 2등분한다. 반죽 하나가 230~235g 정도 된다.

3  분할한 반죽을 각각 공처럼 둥글려 가스를 뺀 다음 20분 정도 벤치타임을 가진다.

4  ③의 반죽을 각각 밀대로 밀어 타원형으로 편다.

**5**  ④ 위에 남은 롤 치즈를 뿌리고 돌돌 만다.

**6**  ⑤를 식빵 틀에 넣고 38~40℃에서 40분 정도 2차 발효시킨다. 반죽이 식빵 틀 위로 1㎝ 정도
올라오면 2차 발효를 마친다.

**7**  데크 오븐은 175/175℃, 가정용 컨벡션 오븐은 170℃에서 15~18분간 굽는다.

**TIP**

롤 치즈를 넣고 너무 힘주어 치대면 치즈가루나 조각이 생기므로 적당한 힘으로 치즈가 으깨지지 않게 반죽하는 것이 중
요하다.

우유식빵과 똑같이 반죽한 다음 성형할 때만 롤 치즈를 넣으면 더 간단하게 만들 수 있다. 하지만 롤 치즈의 일부를 반죽
할 때부터 넣고 1차 발효를 하면 치즈 향이 좀 더 진한 식빵이 된다.

# 시나몬롤식빵

시나몬롤식빵은 완성된 모습은 우유식빵과 전혀 다르지만 만드는 기본 방법은 같습
니다. 만드는 동안 시나몬의 달콤 쌉쌀한 향이 퍼져 기분이 좋아지는 것은 덤이지요.

작은 식빵 틀(165×85×65㎜) 2개 분량

──────── **반죽 재료** ────────

강력분 235g

설탕 20g

소금 4.5g

분유 6g

생이스트 8g(또는 인스턴트 드라이이스트 5g)

달걀 27g

우유 100g

물 40g

버터 15g

──────── **첨가 재료** ────────

시나몬 설탕(설탕 15g + 시나몬가루 1g)

럼에 절인 건포도 20∼40알

슬라이스 아몬드 적당량, 녹인 버터 20g

──────── **굽기 온도와 시간** ────────

데크 오븐 175/175℃

가정용 컨벡션 오븐 170℃, 15∼18분

1   모든 반죽 재료를 반죽기에 넣고 우유식빵과 같은 방법으로 반죽한 다음 1차 발효까지 마친
    다.(28쪽 참조)

2   ①의 반죽을 2등분한다. 반죽 하나가 215g 정도 된다.

3   ②의 반죽을 각각 밀대로 밀어 타원형으로 편다.

4   안쪽 면에 붓으로 녹인 버터를 바른 다음 시나몬 설탕을 골고루 뿌린다.*

5   ④ 위에 건포도와 슬라이스 아몬드를 뿌린다.

6   ⑤를 돌돌 만다.

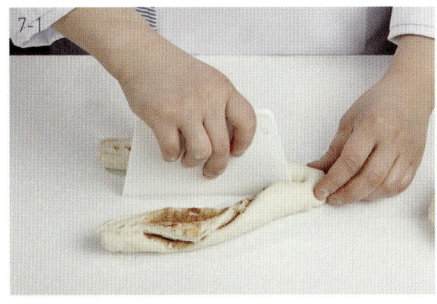

**7** 스크레이퍼로 반죽을 잘라 단면이 위로 보이게 트위스트 성형*한다.

**8** ⑦을 식빵 틀에 넣는다.

**9** ⑧을 38~40℃에서 40분 정도 2차 발효시킨다. 반죽이 식빵 틀 위로 1㎝ 정도 올라오면 2차 발효를 마친다.

**10** 데크 오븐은 175/175℃, 가정용 컨벡션 오븐은 170℃에서 15~18분간 굽는다.

**TIP 1**
반죽에 녹인 버터를 먼저 바르면 시나몬 설탕이 잘 흡착된다.

**TIP 2**
**트위스트 성형** 돌돌 감은 반죽을 끝만 조금 남기고 스크레이퍼로 길게 자른다. 끝이 조금 붙어 있는 2개의 긴 반죽이 되면 꽈배기 모양으로 두 반죽을 3회 정도 꼰다.

# 생크림식빵

가볍고 부드러운 식감을 좋아한다면 생크림을 넣어 식빵을 만들어보세요. 달걀을 넣지 않아 하얀색이 나고, 빵의 결이 한층 더 부드럽고 촉촉하답니다.

**작은 식빵 틀(165×85×65mm) 2개 분량**

──── **반죽 재료** ────

강력분 250g

설탕 20g

소금 5g

생이스트 8g(또는 인스턴트 드라이이스트 5g)

생크림 50g

물 120g 이상

버터 15g

──── **굽기 온도와 시간** ────

데크 오븐 175/175℃

가정용 컨벡션 오븐 170℃, 15~18분

**1**  모든 반죽 재료를 반죽기에 넣고 우유식빵과 같은 방법으로 반죽한 다음 1차 발효까지 마친
      다.(28쪽 참조)

**2**  ①의 반죽을 4등분한다. 반죽 하나가 112g 정도 된다.

**3**  분할한 반죽을 각각 공처럼 둥글려 가스를 뺀 다음 20분 정도 벤치타임을 가진다.

**4**  ③의 반죽을 다시 한 번 둥글리고, 반죽의 아랫부분을 한 번 꼬집듯 집어준다. 좀 더 동그랗고
      예쁜 모양을 만들기 위해서다.

**5** ④의 반죽을 2개씩 식빵 틀에 넣는다.

**6** ⑤를 38~40℃에서 40분 정도 2차 발효시킨다. 반죽이 식빵 틀 위로 1㎝ 정도 올라오면 2차 발
효를 마친다.

**7** 데크 오븐은 175/175℃, 가정용 컨벡션 오븐은 170℃에서 15~18분간 굽는다.

**TIP**
생크림은 우유에서 유지방분이 높은 부분을 따로 분리해둔 제품이다.
그래서 생크림식빵은 지방 함량이 높아 식감이 매우 부드럽고 담백하다.

# 생크림 모닝빵

생크림식빵 반죽으로 모닝빵도 만들 수 있습니다. 일반 모닝빵보다 부드러운 맛을 즐길 수 있고, 낮은 온도에서 구우면 껍질까지 새하얀 모닝빵이 완성됩니다.

**15개 분량**

#### ─── 반죽 재료 ───
강력분 250g

설탕 20g

소금 5g

생이스트 8g(또는 인스턴트 드라이이스트 5g)

생크림 50g

물 120g 이상

버터 15g

#### ─── 첨가 재료 ───
우유 적당량

달걀 1개

물 30g

소금 약간

#### ─── 굽기 온도와 시간 ───
데크 오븐 200/170℃

가정용 컨벡션 오븐 190℃, 7~8분

1  모든 반죽 재료를 반죽기에 넣고 우유식빵과 같은 방법으로 반죽한 다음 1차 발효까지 마친
    다.(28쪽 참조)

2  ①의 반죽을 15등분한다. 반죽 하나가 28~30g 정도 된다.

3  분할한 반죽을 표면이 매끄러워지도록 각각 둥글린 다음 15~20분 정도 벤치타임을 가진다.

4  ③의 반죽을 다시 한 번 둥글리고, 반죽의 아랫부분을 한 번 꼬집듯 집어준다. 좀 더 동그랗고
    예쁜 모양을 만들기 위해서다.

5    ④를 오븐 철판에 적당한 간격을 두고 팬닝한 다음 우유와 달걀물을 바른다.*

6    ⑤를 40℃에서 30분 정도 2차 발효시킨다. 반죽이 2배 정도 부풀면 2차 발효를 마친다.

7    데크 오븐은 200/170℃, 가정용 컨벡션 오븐은 190℃에서 7~8분간 굽는다. 새하얀 모닝빵을
     만들기 위해서는 데크 오븐은 140/140℃, 가정용 컨벡션 오븐은 120~140℃에서 7~8분간 색
     을 보며 굽는다.

TIP

**우유와 달걀물 바르기**  달걀물은 달걀 1개, 물 30g, 소금 한 꼬집을 잘 섞은 다음 알끈을 제거하거나 거름망에 걸러 만든다.
우유와 달걀물을 바르는 이유는 반죽이 마르는 것을 방지하고, 빵이 완성됐을 때 표면에 은은한 광택을 주기 위해서다.
우유는 완성된 빵에서 수분이 빠져나가는 것을 막기 위해 빵을 구운 다음 바르기도 하지만,
달걀물은 반죽 상태에서만 발라야 하며 1~2번 정도 바르면 된다.

# 건포도식빵

어릴 때 엄마와 함께 동네 빵집에 가면, 건포도식빵 한 덩이를 사서 뜯어 먹곤 했습니다. 큰 식빵에 숨어 있는 달콤한 건포도를 찾아 쏙쏙 뽑아 먹곤 했지요. 식빵 반죽에 시나몬 향을 품은 건포도를 넣어 매력적인 맛의 식빵을 만들어보세요.

**큐브 식빵 틀(95×95×95㎜) 2개 분량**

### 반죽 재료

강력분 250g

연유 15g

설탕 10g

소금 4.5g

생이스트 8g(또는 인스턴트 드라이이스트 5g)

달걀 50g

우유 130g 이상

버터 18g

### 첨가 재료

럼에 절인 건포도 80g

시나몬가루 0.4g

### 굽기 온도와 시간

데크 오븐 175/175℃

가정용 컨벡션 오븐 170℃, 17~20분

**1**     럼에 절인 건포도와 시나몬가루를 고루 섞는다. 반은 반죽할 때 넣고, 반은 성형할 때 넣는다.

**2**     모든 반죽 재료를 반죽기에 넣고 우유식빵과 같은 방법으로 반죽하되(28쪽 참조) 반죽 과정의 마지막에 ①을 넣고 잘 섞이도록 손으로 치댄 다음 반죽을 한 덩어리로 만든다. 그리고 반죽을 1차 발효시킨다.

**3**     ②의 반죽을 2등분한다. 반죽 하나가 255g 정도 된다.

**4**     분할한 반죽을 각각 공처럼 둥글려 가스를 뺀 다음 20분 정도 벤치타임을 가진다.

**5**   ④의 반죽을 각각 밀대로 밀어 타원형으로 편 다음 ①을 뿌리고 돌돌 만다.

**6**   ⑤를 큐브 식빵 틀에 넣는다.

**7**   ⑥을 38~40℃에서 40분 정도 2차 발효시킨다. 반죽의 가장 높은 부분이 뚜껑에 살짝 닿으면
　　 2차 발효를 마친다.*

**8**   데크 오븐은 175/175℃, 가정용 컨벡션 오븐은 170℃에서 17~20분간 굽는다.

**TIP**

정육면체 모양의 식빵을 만들 때는 뚜껑이 있는 큐브 식빵 틀을 사용한다.

빵 반죽이 틀 안에서 발효되면서 틀 높이의 85% 정도까지 올라오면 뚜껑을 닫는다.

그리고 2~3분 기다렸다가 뚜껑을 살짝 열어보았을 때 반죽이 뚜껑에 닿아 잘 열리지 않으면(반죽이 틀의 90%를 차지할
정도) 오븐에 넣는다.

# 크랜베리소보로식빵

바삭바삭한 소보로빵을 좋아한다면 식빵으로도 만들어보세요. 소보로와 크랜베리를
넣으면 먹음직스럽고 고소한 맛이 강한 식빵이 완성됩니다.

**큐브 식빵 틀(95×95×95㎜) 2개 분량**

## 반죽 재료

강력분 250g

설탕 22g

소금 4.5g

생이스트 8g(또는 인스턴트 드라이이스트 5g)

달걀 50g

우유 140g 이상

버터 20g

## 첨가 재료

럼에 절인 크랜베리 65g

## 토핑 소보로 재료

버터 50g, 피넛버터 20g, 설탕 64g, 달걀 22g
물엿 6g, 박력분 100g, 베이킹파우더 2g, 베이킹소다 2g

## 굽기 온도와 시간

데크 오븐 175/175℃

가정용 컨벡션 오븐 170℃, 18~20분

1 볼에 실온에 두어 말랑말랑한 포마드 상태의 버터, 피넛버터, 설탕을 넣고 휘핑한다.*

2 달걀과 물엿을 섞은 다음 ①에 조금씩 넣으며 휘핑한다. 휘핑할수록 반죽이 뽀얗게 변한다.

3 체에 내린 박력분, 베이킹파우더, 베이킹소다를 ②에 넣고 주걱으로 살짝 섞는다.

4 ③을 손으로 비비며 소보로 상태가 되도록 섞는다.

5 입자가 고와질 때까지 섞는다.

**1**  모든 반죽 재료를 반죽기에 넣고 우유식빵과 같은 방법으로 반죽한 다음 1차 발효까지 마친다. (28쪽 참조)

**2**  ①의 반죽을 2등분한다. 반죽 하나가 240g 정도 된다.

**3**  분할한 반죽을 각각 공처럼 둥글려 가스를 뺀 다음 20분 정도 벤치타임을 가진다.

**4**  ③의 반죽을 밀대로 길게 편다.

5   ④의 안쪽에 만들어둔 소보로와 럼에 절인 크랜베리를 넣고 돌돌 말아 성형한다.

6   ⑤를 큐브 식빵 틀에 넣는다. 반죽 하나를 그대로 넣어도 되고, 반죽을 반으로 자른 다음 단면
    이 위로 보이게 넣어도 된다.

7   ⑥을 38~40℃에서 40분 정도 2차 발효시킨다. 반죽이 식빵 틀 위로 1㎝ 정도 올라오면 2차 발
    효를 마친다.

8   데크 오븐은 175/175℃, 가정용 컨벡션 오븐은 170℃에서 18~20분간 굽는다.

**TIP**

토핑 소보로를 만들 때 핸드믹서를 사용하면 편리하다.
다만 만드는 양이 너무 적을 경우 재료가 날에 걸리지 않아 버터의 크림화가 잘 일어나지 않으므로
넉넉하게 만드는 것이 좋다.
사용하고 남은 소보로는 통에 넣어 냉장 또는 냉동 보관한다.

# 곡물식빵

호밀, 통밀 등 8가지가 넘는 곡물이 들어가 영양소를 고루 챙길 수 있는 든든한 식빵
입니다. 씹을수록 구수한 맛이 나고 질리지 않아 남녀노소 누구나 좋아합니다.

**작은 식빵 틀(165×85×65mm) 2개 분량**

### ───── 반죽 재료 ─────

강력분 180g

크라프트믹스 75g

설탕 20g

소금 3g

생이스트 8g(또는 인스턴트 드라이이스트 5g)

달걀 27g

우유 100g

물 40g

버터 20g

### ───── 굽기 온도와 시간 ─────

데크 오븐 175/175℃

가정용 컨벡션 오븐 170℃, 15〜18분

1    모든 반죽 재료를 반죽기에 넣고 우유식빵과 같은 방법으로 반죽한 다음 1차 발효까지 마친
      다.(28쪽 참조)

2    ①의 반죽을 4등분한다. 반죽 하나가 115g 정도 된다.

3    분할한 반죽을 공처럼 둥글려 가스를 뺀 다음 20분 정도 벤치타임을 가진다.

4    ③의 반죽을 다시 한 번 둥글리고, 반죽의 아랫부분을 한 번 꼬집듯 집어준다. 좀 더 동그랗고
      예쁜 모양을 만들기 위해서다.

**5**  ④의 반죽을 2개씩 식빵 틀에 넣는다.

**6**  ⑤를 38~40℃에서 40분 정도 2차 발효시킨다. 반죽이 식빵 틀 위로 1㎝ 정도 올라오면 2차 발효를 마친다.

**7**  데크 오븐은 175/175℃, 가정용 컨벡션 오븐은 170℃에서 15~18분간 굽는다.

**TIP**

크라프트믹스(곡물가루)에는 다양한 견과류와 활성 글루텐, 염분이 들어 있다.
그러므로 크라프트믹스를 사용할 때는 다른 반죽보다 소금을 덜 넣어야 한다.

# 크림치즈호두빵

곡물빵 반죽을 사용하면 제과점의 인기 빵 중 하나인 크림치즈호두빵을 간단하게 만들 수 있습니다.

**원형 틀(지름 10~13㎝) 6개 분량**

———————— **반죽 재료** ————————

강력분 180g

크라프트믹스 75g

설탕 20g

소금 3g

생이스트 8g(또는 인스턴트 드라이이스트 5g)

달걀 27g

우유 100g

물 40g

버터 20g


———————— **첨가 재료** ————————

크림치즈 185g

연유 20g

호두 반태 6개


———————— **굽기 온도와 시간** ————————

데크 오븐 180/165℃

가정용 컨벡션 오븐 170℃, 10~12분

**크림치즈 필링 만드는 법**
크림치즈와 연유를 볼에 넣고 주걱으로 잘 섞는다.

1  모든 반죽 재료를 반죽기에 넣고 우유식빵과 같은 방법으로 반죽한 다음 1차 발효까지 마친다.(28쪽 참조)
2  ①의 반죽을 6등분한다. 반죽 하나가 75g 정도 된다.
3  ②의 반죽을 각각 공처럼 둥글려 가스를 뺀 다음 15〜20분간 벤치타임을 가진다.
4  ③의 각 반죽 안에 크림치즈 필링 30〜35g을 넣고 둥근 틀에 납작하게 살짝 눌러 담는다.

5  ④의 반죽 위에 호두 반태를 1개씩 올리고 40℃에서 30분 정도 2차 발효시킨다.

6  ⑤의 반죽 위에 밀가루를 살짝 뿌린다.

7  ⑥의 반죽 위에 테프론 시트를 올리고 철판을 덮는다.

8  데크 오븐은 180/165℃, 가정용 컨벡션 오븐은 170℃에서 10~12분간 굽는다.

# 오징어먹물식빵

오징어먹물을 넣어 새까만 식빵을 만들어보세요. 오징어먹물은 타우린이 많아 피로 회복에도 좋다고 합니다. 빵에 넣으면 담백하고 고소한 맛을 더해줍니다.

**작은 식빵 틀(165×85×65㎜) 2개 분량**

#### ─── 반죽 재료 ───

강력분 250g

소금 3.5g

생이스트 8g(또는 인스턴트 드라이이스트 5g)

설탕 17g

올리브유 17g

오징어먹물 15g

달걀 25g

물 130g 이상

#### ─── 첨가 재료 ───

슬라이스 치즈 3장

롤 치즈 30g

슬라이스 양파 10g

#### ─── 굽기 온도와 시간 ───

데크 오븐 175/175℃

가정용 컨벡션 오븐 170℃, 15~18분

**1**     모든 반죽 재료를 반죽기에 넣고 우유식빵과 같은 방법으로 반죽한 다음 1차 발효까지 마친다.
(28쪽 참조) 단, 올리브유, 오징어먹물 등 액체 상태의 재료가 많아 반죽이 쉽게 질어질 수 있
으니 주의한다. 반죽 재료 중 물의 양을 10% 정도 덜어두었다가 반죽 상태를 보며 추가해야
한다. 반죽을 매끄럽게 둥글릴 수 있는 정도면 된다.

**2**     ①의 반죽을 2등분한다. 반죽 하나가 220g 정도 된다.

**3**     분할한 반죽을 각각 공처럼 둥글려 가스를 뺀 다음 20분 정도 벤치타임을 가진다.

**4**     ③의 반죽을 밀대로 밀어 안쪽 면에 슬라이스 치즈, 롤 치즈, 슬라이스 양파를 넣고 돌돌 말아
성형한다.

5  스크레이퍼로 반죽을 잘라 단면이 위로 보이게 트위스트 성형(39쪽 참조)한다.

6  ⑤를 식빵 틀에 넣는다.

7  ⑥을 38~40℃에서 40분 정도 2차 발효시킨다. 반죽이 식빵 틀 위로 1㎝ 정도 올라오면 2차 발
효를 마친다.

8  데크 오븐은 175/175℃, 가정용 컨벡션 오븐은 170℃에서 15~18분간 굽는다.

**TIP**

오징어먹물은 시중에서 파는 병조림을 사용한다.

스페인 세베사(CEBESA) 사의 오징어 먹물이 비린 맛이 덜해 많이 사용한다.

단, 먹물이 짭짤하므로 반죽에 소금을 많이 넣지 않는다.

# 흑맥주발효식빵

발효 음료인 흑맥주를 사용하면 빵이 더욱 부드럽고 쫄깃해져요. 진하고 독특한 풍미
가 매력인 흑맥주로 발효빵을 만들어보세요.

**작은 식빵 틀(165×85×65㎜) 2개 분량**

### 반죽 재료

강력분 200g

통밀가루 40g

크라프트믹스 40g

설탕 20g

소금 4g

생이스트 8g(또는 인스턴트 드라이이스트 5g)

흑맥주 140g

물 40g 이상

### 굽기 온도와 시간

데크 오븐 175/175℃

가정용 컨벡션 오븐 170℃, 15~18분

1   모든 반죽 재료를 반죽기에 넣고 우유식빵과 같은 방법으로 반죽한 다음 1차 발효까지 마친다.
    (28쪽 참조)

2   ①의 반죽을 6등분한다. 반죽 하나가 78g 정도 된다.

3   분할한 반죽을 각각 공처럼 둥글려 가스를 뺀 다음 20분 정도 벤치타임을 가진다.

4   ③의 반죽을 밀대로 길게 편 다음 사진과 같이 접어 돌돌 만다.

**5**  ④의 반죽을 3개씩 식빵 틀에 넣는다.

**6**  ⑤를 38∼40℃에서 40분 정도 2차 발효시킨다. 반죽이 식빵 틀 위로 1㎝ 정도 올라오면 2차 발효를 마친다.

**7**  데크 오븐은 175/175℃, 가정용 컨벡션 오븐은 170℃에서 15∼18분간 굽는다.

**TIP**

흑맥주식빵에 잘 어울리는 첨가 재료를 반죽에 넣어보자.

럼에 절인 건포도 25g, 구운 호두 분태 25g을 반죽 마지막 과정에 넣고 잘 섞이도록 손으로 치댄 다음
만들면 견과류흑맥주식빵이 된다.

# 리얼초콜릿식빵

유난히 달콤한 맛이 당기는 날이 있습니다. 진한 초콜릿이 들어 있는 귀여운 모양의 식빵으로 기분 전환을 해보세요. 한 번쯤은 초코칩을 듬뿍 넣고 만들어보면 어떨까요?

**큐브 식빵 틀(95×95×95㎜) 2개 분량**

### 반죽 재료

강력분 225g

코코아가루 20g

소금 4.3g

생이스트 8g(또는 인스턴트 드라이이스트 5g)

분유 6g

황설탕 35g

우유와 물을 1:1로 섞은 것 140g 이상

달걀 25g

버터 18g

### 첨가 재료

초코칩 40g 이상

### 굽기 온도와 시간

데크 오븐 175/175℃

가정용 컨벡션 오븐 170℃, 16~18분

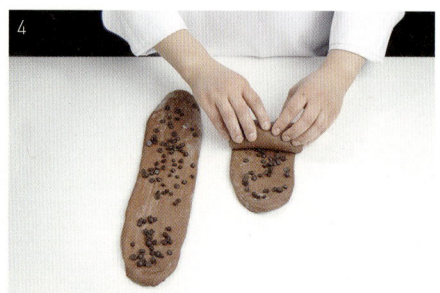

**1**  모든 반죽 재료를 반죽기에 넣고 우유식빵과 같은 방법으로 반죽한 다음 1차 발효까지 마친
다.*(28쪽 참조)

**2**  ①의 반죽을 2등분한다. 반죽 하나가 230g 정도 된다.

**3**  분할한 반죽을 공처럼 둥글려 가스를 뺀 다음 20분 정도 벤치타임을 가진다.

**4**  ③의 반죽을 밀대로 밀어 길게 편 다음 안쪽에 초코칩을 올리고 돌돌 만다.

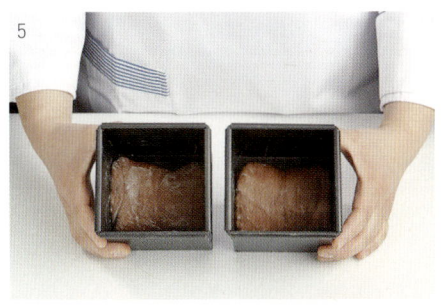

**5**　④를 큐브 식빵 틀에 넣는다.

**6**　⑤를 38~40℃에서 40분 정도 2차 발효시킨다. 반죽의 가장 높은 부분이 뚜껑에 살짝 닿으면
　　2차 발효를 마친다.(51쪽 TIP 참조)

**7**　데크 오븐은 175/175℃, 가정용 컨벡션 오븐은 170℃에서 16~18분간 굽는다.

**TIP**

코코아가루는 미세해서 덩어리지기 쉬운 재료이므로 강력분과 함께 체에 내려 사용하면 좋다.
또한 수분을 많이 빨아들이므로 반죽의 수분을 약간 촉촉하게 맞추어야 빵이 부드럽다.
벨기에산과 프랑스산 코코아가루가 향과 맛이 뛰어나다.

# 초코화이트롤식빵

2가지 색깔의 반죽을 돌돌 말아서 만드는 식빵입니다. 만드는 재미도 있고 풍부한 맛도 느낄 수 있습니다.

작은 식빵 틀(165×85×65㎜) 2개 분량

### ─── 반죽 재료 ───

**우유식빵 반죽 130g 2개**

강력분 225g, 설탕 18g, 소금 4g

분유 6g, 생이스트 8g(또는 인스턴트 드라이이스트 5g)

달걀 25g, 우유 90g, 물 40g, 버터 15g

**리얼초콜릿식빵 반죽 95g 2개**

강력분 225g, 코코아가루 20g, 소금 4.3g

생이스트 8g(또는 인스턴트 드라이이스트 5g), 분유 6g

황설탕 35g, 우유와 물을 1:1로 섞은 것 140g 이상, 달걀 25g, 버터 18g

### ─── 굽기 온도와 시간 ───

데크 오븐 175/175℃

가정용 컨벡션 오븐 170℃, 16~18분

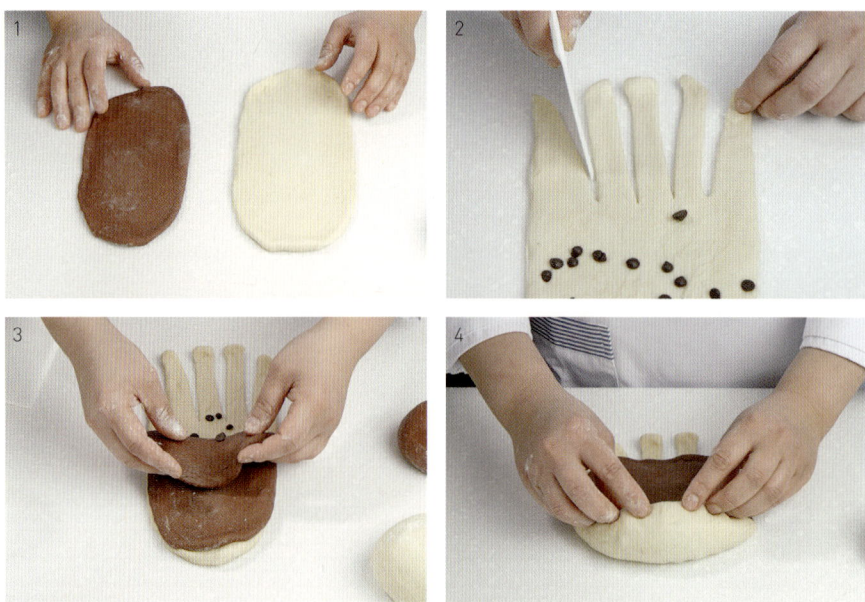

1  1차 발효까지 마친 우유식빵 반죽 130g(28쪽 참조)과 리얼초콜릿식빵 반죽 95g(76쪽 참조)을
   준비한 다음 각각 밀대로 밀어 길게 편다.

2  ①의 우유식빵 반죽 위에 초코칩을 올리고, 스크레이퍼로 한쪽에 7~8㎝ 정도 칼집을 내어 5등
   분한다.

3  ② 위에 ①의 리얼초콜릿식빵 반죽을 올린다.

4  ③의 반죽을 칼집을 넣지 않은 쪽부터 돌돌 만다.

**5** ④를 식빵 틀에 넣는다. 이때 우유식빵 반죽 사이사이로 리얼초콜릿식빵 반죽이 보이도록 만져
가며 넣는다.

**6** ⑤를 38~40℃에서 40분 정도 2차 발효시킨다. 반죽이 식빵 틀 위로 1㎝ 정도 올라오면 2차 발
효를 마친다.

**7** 데크 오븐은 175/175℃, 가정용 컨벡션 오븐은 170℃에서 16~18분간 굽는다.

# 단호박콩식빵

단호박을 잘라서 익혀 빵 반죽에 넣으면 샛노란 개나리색 빵이 됩니다. 시판하는 단
호박 통조림이나 단호박가루를 사용하면 아무래도 입안에 인공적인 맛이 남고 색이
예쁘지 않으므로 손이 많이 가더라도 단호박을 직접 손질해서 사용해보세요.

**큐브 식빵 틀(95×95×95㎜) 2개 분량**

──────── **반죽 재료** ────────

강력분 240g

소금 4.3g

생이스트 8g(또는 인스턴트 드라이이스트 5g)

설탕 22g

분유 3g

달걀 15g

단호박 105g

우유 108g 이상(단호박의 수분 상태에 따라 변동 가능)

버터 16g

──────── **첨가 재료** ────────

팥배기, 강낭콩배기, 완두배기를 합쳐 100g

──────── **굽기 온도와 시간** ────────

데크 오븐 175/175℃

가정용 컨벡션 오븐 170℃, 17~20분

1    단호박의 껍질을 벗기고 내열그릇에 담아 전자레인지에 5~10분간 돌려 찐다. 팥배기, 강낭콩
      배기, 완두배기도 준비한다.

2    믹서에 단호박과 준비한 우유의 반 정도를 넣고 간다.

3    ②를 포함한 모든 반죽 재료를 반죽기에 넣고 우유식빵과 같은 방법으로 반죽한 다음 1차 발
      효까지 마친다.(28쪽 참조) 반죽이 너무 되직하면 우유를 좀 더 추가한다.*

4    ③의 반죽을 2등분한다. 반죽 하나가 250g 정도 된다.

5    분할한 반죽을 각각 공처럼 둥글려 가스를 뺀 다음 20분 정도 벤치타임을 가진다.

**6** ⑤의 반죽을 밀대로 밀어 길게 편 다음 팥배기, 강낭콩배기, 완두배기를 반죽 하나에 50g씩
올리고 돌돌 만다.

**7** ⑥을 큐브 식빵 틀에 넣는다.

**8** ⑦을 38~40℃에서 40분 정도 2차 발효시킨다. 반죽이 식빵 틀 위로 1㎝ 정도 올라오면 2차 발
효를 마친다.

**9** 데크 오븐은 175/175℃, 가정용 컨벡션 오븐은 170℃에서 17~20분간 굽는다.

**TIP**
익힌 단호박의 수분 함량에 따라 반죽의 수분 레시피를 조절해야 한다.
우유를 한 번에 다 넣지 말고 10~20g을 남겨두었다가 반죽의 상태를 보며 조금씩 추가한다.
직접 단호박을 쪄서 사용하면 시판 단호박가루를 사용했을 때보다 더 진하고 자연스러운 맛이 난다.

# 단호박플라워빵

단호박콩식빵 반죽으로 노란 플라워빵을 만들어보세요. 플라워빵은 만드는 방법이
간단하고 식빵보다 식감이 더 폭신하고 부드럽답니다.

**타르트 틀(지름 16㎝) 3개 분량**

### 반죽 재료

강력분 240g

소금 4.3g

생이스트 8g(또는 인스턴트 드라이이스트 5g)

설탕 22g

분유 3g

달걀 15g

단호박 105g

우유 108g 이상

버터 16g

### 첨가 재료

팥배기 80g

### 굽기 온도와 시간

데크 오븐 200/170℃

가정용 컨벡션 오븐 190℃, 8~10분

1   모든 반죽 재료를 반죽기에 넣고 우유식빵과 같은 방법으로 반죽하되(28쪽 참조) 반죽 과정의
    마지막에 팥배기를 넣고 잘 섞이도록 손으로 치댄 다음 반죽을 한 덩어리로 만든다. 그리고 반
    죽을 1차 발효시킨다.

2   ①의 반죽을 15등분한다. 반죽 하나가 38g 정도 된다.

3   분할한 반죽을 각각 공처럼 둥글려 가스를 뺀 다음 15~20분간 벤치타임을 가진다.

4   ③을 다시 각각 둥글리며 16㎝ 타르트 틀에 적당한 간격을 두고 5개씩 팬닝한다.

5    ④에 우유와 달걀물(47쪽 참조)을 바른다.

6    ⑤를 40℃에서 30분 정도 2차 발효시킨다. 반죽이 2배 정도 부풀면 2차 발효를 마친다.

7    데크 오븐은 200/170℃, 가정용 컨벡션 오븐은 190℃에서 8~10분간 굽는다.

# 블루베리식빵

블루베리를 통째로 넣어 만드는 식빵입니다. 달지 않으면서 블루베리의 상큼함이 입
안에 퍼지고, 자연 그대로의 보랏빛도 참 예쁘지요.

**큐브 식빵 틀**(95×95×95㎜) 2개 분량

──────── **반죽 재료** ────────

강력분 250g

소금 4.5g

생이스트 8g(또는 인스턴트 드라이이스트 5g)

설탕 18g

분유 10g

냉동 블루베리 90g

물 90g

버터 20g

──────── **굽기 온도와 시간** ────────

데크 오븐 175/175℃

가정용 컨벡션 오븐 170℃, 17~20분

1    믹서에 냉동 블루베리와 물을 넣고 10∼20초 정도 간다.*

2    ①을 포함한 모든 반죽 재료를 반죽기에 넣고 우유식빵과 같은 방법으로 반죽한 다음 1차 발
       효까지 마친다.(28쪽 참조)

3    ②의 반죽을 2등분한다. 반죽 하나가 235g 정도 된다.

4    분할한 반죽을 각각 공처럼 둥글려 가스를 뺀 다음 20분 정도 벤치타임을 가진다.

5    ④의 반죽을 밀대로 밀어 길게 편 다음 돌돌 만다.

6    ⑤를 큐브 식빵 틀에 넣는다.

7    ⑥을 38~40℃에서 40분 정도 2차 발효시킨다. 반죽의 가장 높은 부분이 뚜껑에 살짝 닿으면
     2차 발효를 마친다.(51쪽 TIP 참조)

8    식빵 틀의 뚜껑을 닫은 다음 데크 오븐은 175/175℃, 가정용 컨벡션 오븐은 170℃에서 17~20
     분간 굽는다.

### TIP

냉동 블루베리를 물과 함께 갈았을 때 온도가 너무 차갑지 않아야 한다.
20℃ 전후로 실온과 비슷해야 반죽 온도에 영향을 미치지 않는다.
블루베리의 껍질이 두껍거나 과육이 적으면 물을 더 넣어서 갈고, 반대의 경우에는 물의 양을 줄인다.

# 블루베리몽키브레드

몽키브레드(Monkey bread)는 원숭이가 나무 열매를 하나씩 떼어 먹듯 똑똑 뜯어 먹는 재미가 있습니다. 블루베리식빵 반죽에 달콤함을 더해 왕관 모양 몽키브레드를 만들어보세요.

**구겔호프 틀(지름 16㎝) 2개 분량**

### 반죽 재료

강력분 385g

소금 7g

생이스트 12g(또는 인스턴트 드라이이스트 6g)

설탕 28g

분유 16g

블루베리 140g

물 140g

버터 30g

### 첨가 재료

슬라이스 아몬드 · 초코칩 15g씩

설탕 30g

### 굽기 온도와 시간

데크 오븐 180/190℃

가정용 컨벡션 오븐 180〜185℃, 17〜20분

1　믹서에 냉동 블루베리와 물을 넣고 10∼20초 정도 간다.*

2　①을 포함한 모든 반죽 재료를 반죽기에 넣고 우유식빵과 같은 방법으로 반죽한 다음 1차 발
　효까지 마친다.(28쪽 참조)

3　②의 반죽을 2등분한다. 반죽 하나가 360g 정도 된다.

4　분할한 반죽을 각각 길게 둥글려 가스를 뺀 다음 20분 정도 벤치타임을 가진다.

5　④의 반죽을 손으로 굴려 긴 막대 모양으로 만들면서 가스를 뺀다.

6　⑤의 반죽을 스크레이퍼로 36∼40등분한다.

**7** ⑥의 표면에 설탕을 골고루 묻힌다.

**8** ⑦을 구겔호프 틀에 벽돌 쌓듯 넣으면서 사이사이에 슬라이스 아몬드와 초코칩을 넣는다.

**9** ⑧을 38~40℃에서 40분 정도 2차 발효시키고, 데크 오븐은 180/190℃, 가정용 컨벡션 오븐은 180~185℃에서 17~20분간 굽는다.*

**TIP 1**
냉동 블루베리의 종류에 따라 반죽이 너무 묽거나 되직해지지 않도록 물의 양을 잘 조절한다. (93쪽 TIP 참조)

**TIP 2**
굽는 동안 반죽에 묻힌 설탕이 캐러멜 색이 나도록 오븐 온도를 조절한다. 높은 온도에서 구워야 설탕의 캐러멜화가 잘 일어난다.

# 토마토식빵

이탤리언 요리에 빠지지 않는 새콤달콤한 토마토를 넣어 식빵을 만들어보세요. 집에서 반건조 토마토를 직접 만들어 넣으면 색도 예쁘고 건강에도 좋은 토마토식빵이 됩니다.

**작은 식빵 틀(165×85×65㎜) 2개 분량**

--- **반죽 재료** ---

강력분 260g

설탕 25g

소금 5g

생이스트 8g(또는 인스턴트 드라이이스트 5g)

우유 85g

물 85g 이상

버터 25g

--- **첨가 재료** ---

방울토마토 14개

올리브유 1큰술

--- **굽기 온도와 시간** ---

데크 오븐 175/175℃

가정용 컨벡션 오븐 170℃, 15~18분

1　방울토마토를 2등분해 스테인리스 볼에 담고 올리브유 1큰술을 넣어 토마토 표면에 골고루
　　묻힌다.

2　철판에 테프론 시트를 깔고 ①의 토마토를 펼쳐 팬닝한 다음 오븐에 넣어 150℃에서 20분
　　간 굽는다.

3　오븐 온도를 100℃로 낮추고 20~40분간 천천히 건조시킨 다음 꺼내 실온에서 식힌다.*

4　모든 반죽 재료를 반죽기에 넣고 우유식빵과 같은 방법으로 반죽한 다음 1차 발효까지 마친다.
　　(28쪽 참조)

5　④의 반죽을 8등분한다. 반죽 하나가 58g 정도 된다.

6　분할한 반죽을 각각 공처럼 둥글려 가스를 뺀 다음 20분 정도 벤치타임을 가진다.

7   ⑥의 반죽을 밀대로 밀어 길쭉하게 편 다음 ③의 토마토를 반죽 하나당 5~6개 정도 올린다.

8   ⑦을 각각 돌돌 만다.

9   ⑧을 4개씩 식빵 틀에 넣는다.

10   ⑨를 38~40℃에서 40분 정도 2차 발효시킨다. 반죽이 식빵 틀 위로 1㎝ 정도 올라오면 2차
     발효를 마친다.

11   데크 오븐은 175/175℃, 가정용 컨벡션 오븐은 170℃에서 15~18분간 굽는다.


TIP

반건조 토마토를 만들 때는 타지 않도록 낮은 온도에서 천천히 건조시킨다.

# 올리브치즈식빵

그린 올리브와 블랙 올리브를 넣어 이탈리아 요리와 어울리는 식빵입니다. 치아바타를 식빵 틀에 넣어 구운 듯한 담백한 맛이 나지요.

### 큐브 식빵 틀(95×95×95㎜) 2개 분량

#### 반죽 재료

강력분 265g

설탕 12g

소금 4.8g

생이스트 8g(또는 인스턴트 드라이이스트 5g)

물 165g 이상

올리브유 25g

#### 첨가 재료

그린 올리브 · 블랙 올리브 10개씩

롤 치즈 40개

#### 굽기 온도와 시간

데크 오븐 130/140℃

가정용 컨벡션 오븐 140℃, 20분

1    모든 반죽 재료를 반죽기에 넣고 우유식빵과 같은 방법으로 반죽한 다음 1차 발효까지 마친
　　 다.(28쪽 참조)

2    ①의 반죽을 2등분한다. 반죽 하나가 230g 정도 된다.

3    분할한 반죽을 각각 공처럼 둥글려 가스를 뺀 다음 20분 정도 벤치타임을 가진다.

4    ③의 반죽을 밀대로 밀어 길게 편 다음 올리브와 롤 치즈를 올리고 돌돌 만다.

5　④를 큐브 식빵 틀에 넣는다.

6　⑤를 38~40℃에서 40분 정도 2차 발효시킨다. 반죽의 가장 높은 부분이 뚜껑에 살짝 닿으면
　2차 발효를 마친다.(51쪽 TIP 참조)

7　식빵 틀의 뚜껑을 닫은 다음 데크 오븐은 130/140℃, 가정용 컨벡션 오븐은 140℃에서 20분간
　굽는다.*

TIP
하얀 올리브치즈식빵을 만들고 싶을 때는 오븐 온도를 10℃ 정도 낮춰서 굽는다.
컨벡션 오븐의 경우 140℃에서 10분간 구운 다음 110℃에서 10분 더 구우면 된다.

# 당근식빵

당근케이크를 좋아하는 분이 많지요. 케이크보다는 조금 담백하고 매일 먹어도 부담 없는 당근식빵을 만들어보았습니다.

**작은 식빵 틀**(165×85×65㎜) 2개 분량

──────────── **반죽 재료** ────────────

강력분 235g

옥수수가루 10g

설탕 16g

소금 4.5g

생이스트 8g(또는 인스턴트 드라이이스트 5g)

당근 80g

우유 130g 이상

카놀라유 17g

──────────── **굽기 온도와 시간** ────────────

데크 오븐 175/175℃

가정용 컨벡션 오븐 170℃, 15~18분

1    당근은 푸드 프로세서를 이용해 얇고 길게 채 썬다.

2    ①을 포함한 모든 반죽 재료를 반죽기에 넣고 우유식빵과 같은 방법으로 반죽한 다음 1차 발효
      까지 마친다.*(28쪽 참조)

3    ②의 반죽을 2등분한다. 반죽 하나가 235g 정도 된다.

4    분할한 반죽을 각각 공처럼 둥글려 가스를 뺀 다음 20분 정도 벤치타임을 가진다.

5  ④의 반죽을 밀대로 밀어 길게 편 다음 돌돌 만다.

6  ⑤를 식빵 틀에 넣는다.

7  ⑥을 38~40℃에서 40분 정도 2차 발효시킨다. 반죽이 식빵 틀 위로 1㎝ 정도 올라오면 2차 발
   효를 마친다.

8  데크 오븐은 175/175℃, 가정용 컨벡션 오븐은 170℃에서 15~18분간 굽는다.*

**TIP 1**
채 썬 당근은 수분이 많으므로 반죽할 때 수분량 조절을 잘해야 한다.
우유를 10g 정도 남겨두었다가 반죽 상태를 보며 천천히 추가한다.

**TIP 2**
당근의 색을 살리고 싶다면 데크 오븐은 120/140℃, 컨벡션 오븐은 140℃에서 10분간 구운 다음 110℃에서 10분 더 구
우면 된다.

# 채소빵

당근식빵 반죽을 응용해서 당근, 파슬리, 양파, 옥수수 등 채소를 듬뿍 넣고 만드는
빵입니다. 먹기 좋은 모닝빵 크기로 만들어보세요.

**15개 분량**

**── 반죽 재료 ──**

강력분 235g

옥수수가루 10g

설탕 16g

소금 4.5g

생이스트 8g(또는 인스턴트 드라이이스트 5g)

물 145g 이상

카놀라유 17g

파슬리 1큰술

**── 첨가 재료 ──**

당근 · 양파 · 옥수수(통조림) 40g씩

**── 굽기 온도와 시간 ──**

데크 오븐 200/170℃

가정용 컨벡션 오븐 190℃, 7~8분

1   당근은 푸드 프로세서를 이용해 얇고 길게 채 썬다. 양파는 잘게 썬 다음 프라이팬에 볶아 색을 내고 옥수수는 물기를 빼서 준비한다. 채소에 물기가 많은 경우 키친타올로 물기를 제거한다.

2   모든 반죽 재료를 반죽기에 넣고 우유식빵과 같은 방법으로 반죽하되(28쪽 참조) 반죽 과정의 마지막에 ①을 넣고 잘 섞이도록 손으로 치댄 다음 반죽을 한 덩어리로 만든다. 그리고 반죽을 1차 발효시킨다.*

3   ②의 반죽을 15등분한다. 반죽 하나가 36g 정도 된다.

4   분할한 반죽을 표면이 매끄러워지도록 각각 둥글려 가스를 뺀 다음 20분 정도 벤치타임을 가진다.

**5** ④의 반죽을 다시 둥글리며 오븐 철판에 적당한 간격을 두고 팬닝한 다음 우유와 달걀물(47쪽 참조)을 바른다.

**6** ⑤를 40℃에서 30분 정도 2차 발효시킨다. 반죽이 2배 정도 부풀면 2차 발효를 마친다.

**7** 데크 오븐은 200/170℃, 가정용 컨벡션 오븐은 190℃에서 7~8분간 굽는다. 새하얀 모닝빵을 만들기 위해서는 데크 오븐은 140/140℃, 가정용 컨벡션 오븐은 120~140℃에서 7~8분간 색을 보며 굽는다.

**TIP**
채 썬 당근은 수분이 많으므로 수분량 조절을 잘해야 한다.
파슬리는 무게가 너무 가벼우므로 부피로 계량한다.

# 양파식빵

양파는 열을 가하면 매운맛이 줄어들고 숨어 있던 단맛이 배어나옵니다. 양파를 넣은
빵은 언제나 친숙한 감칠맛이 나서 좋아요.

**작은 식빵 틀(165×85×65㎜) 2개 분량**

### 반죽 재료

강력분 250g

설탕 18g

소금 4.5g

생이스트 8g(또는 인스턴트 드라이이스트 5g)

양파 75g

물 100g 이상

올리브유 17g

### 굽기 온도와 시간

데크 오븐 175/175℃

가정용 컨벡션 오븐 170℃, 15~18분

1　양파는 4등분한 다음 푸드 프로세서를 이용해 잘게 다진다. 다진 양파는 찬물에 2~3번 헹궈 매
　　운맛을 뺀다. 씻은 양파의 무게를 먼저 계량한 다음 물을 더해 총 175g 정도를 만든다.

2　①을 포함한 모든 반죽 재료를 반죽기에 넣고 우유식빵과 같은 방법으로 반죽한 다음 1차 발효
　　까지 마친다.*(28쪽 참조)

3　②의 반죽을 2등분한다. 반죽 하나가 220g 정도 된다.

4　분할한 반죽을 각각 공처럼 둥글려 가스를 뺀 다음 20분 정도 벤치타임을 가진다.

5  ④의 반죽을 밀대로 밀어 길게 편 다음 돌돌 만다.*

6  ⑤를 식빵 틀에 넣는다.

7  ⑥을 38~40℃에서 40분 정도 2차 발효시킨다. 반죽이 식빵 틀 위로 1㎝ 정도 올라오면 2차 발효를 마친다.

8  데크 오븐은 175/175℃, 가정용 컨벡션 오븐은 170℃에서 15~18분간 굽는다.

TIP 1
양파식빵 반죽은 양파를 자른 크기에 따라 수분이 빠져나오는 정도가 달라 반죽할 때 물을 더 넣어야 하는 경우가 많다.
기본 우유식빵 반죽의 되기를 손으로 기억해두었다가 다른 식빵을 만들 때도 같은 정도로 맞추는 것이 중요하다.

TIP 2
반죽을 성형할 때 안쪽에 마요네즈를 바르고 돌돌 말면 부드럽고 고소한 맛이 난다.

# 옥수수식빵

어릴 때 옥수수찐빵을 참 좋아했는데, 요즘은 사먹고 싶어도 파는 곳이 별로 없습니다. 옥수수가루로 추억의 맛이 나는 고소한 옥수수식빵을 만들어보세요.

**큐브 식빵 틀**(95×95×95㎜) 2개 분량

――――― **반죽 재료** ―――――

강력분 200g

옥수수가루 60g

설탕 30g

소금 5g

생이스트 7g(또는 인스턴트 드라이이스트 5g)

달걀 50g

우유 68g

물 68g 이상

버터 25g

――――― **굽기 온도와 시간** ―――――

데크 오븐 175/175℃

가정용 컨벡션 오븐 170℃, 15~18분

1    모든 반죽 재료를 반죽기에 넣고 우유식빵과 같은 방법으로 반죽한 다음 1차 발효까지 마친
다.*(28쪽 참조)

2    ①의 반죽을 2등분한다. 반죽 하나가 250g 정도 된다.

3    분할한 반죽을 각각 공처럼 둥글려 가스를 뺀 다음 20분 정도 벤치타임을 가진다.

4    ③의 반죽을 한 번 더 둥글려 표면을 매끄럽게 만든다.

5   ④를 큐브 식빵 틀에 넣는다.

6   ⑤를 38~40℃에서 40분 정도 2차 발효시킨다. 반죽이 식빵 틀 위로 1㎝ 정도 올라오면 2차 발효를 마친다.

7   데크 오븐은 175/175℃, 가정용 컨벡션 오븐은 170℃에서 15~18분간 굽는다.

**TIP**

옥수수가루가 들어간 반죽은 다른 식빵에 비해 글루텐이 적어 찰기가 덜하다. 다른 식빵 반죽만큼의 찰기를 만들기 위해 너무 오래 반죽하면 글루텐이 모두 끊길 수 있으므로 주의한다.

옥수수콘을 반죽 과정의 마지막이나 성형 과정에서 넣으면 알알이 씹혀 맛도 좋고 씹는 재미도 있다.

# 현미밥식빵

매일 먹는 밥을 식빵 재료로 사용해보면 어떨까요? 건강에 좋은 현미밥을 식빵 반죽에 넣으면 차진 현미밥식빵이 완성됩니다. 찹쌀과 현미를 섞어 차지게 밥을 해서 사용해도 좋아요.

**작은 식빵 틀(165×85×65㎜) 2개 분량**

─── **반죽 재료** ───

강력분 190g

통밀가루 50g

설탕 23g

소금 4.5g

생이스트 8g(또는 인스턴트 드라이이스트 5g)

우유 50g

물 110g 정도

카놀라유 15g

현미밥 70g

─── **굽기 온도와 시간** ───

데크 오븐 175/175℃

가정용 컨벡션 오븐 170℃, 15~18분

1. 현미밥에 카놀라유 7.5g을 넣고 섞어둔다.
2. 남은 카놀라유를 포함한 모든 반죽 재료를 반죽기에 넣고 우유식빵과 같은 방법으로 반죽하되
   (28쪽 참조) 반죽 과정의 마지막에 ①을 넣고 잘 섞이도록 손으로 치댄 다음 반죽을 한 덩어리
   로 만든다. 밥알이 살아 있도록 살살 반죽해야 한다.*
3. ②의 반죽을 우유식빵과 같은 방법으로 1차 발효시킨다.
4. ③의 반죽을 2등분한다. 반죽 하나가 240g 정도 된다.
5. 분할한 반죽을 각각 공처럼 둥글려 가스를 뺀 다음 20분 정도 벤치타임을 가진다.
6. ⑤의 반죽을 밀대로 밀어 길게 편 다음 각각 돌돌 만다.

**7**    ⑥을 식빵 틀에 넣는다.

**8**    ⑦을 38~40℃에서 40분 정도 2차 발효시킨다. 반죽이 식빵 틀 위로 1㎝ 정도 올라오면 2차 발효를 마친다.

**9**    데크 오븐은 175/175℃, 가정용 컨벡션 오븐은 170℃에서 15~18분간 굽는다.

**TIP**

반죽할 때 통밀가루의 밀기울 함량에 따라 물의 양을 조절해야 한다. 통밀가루가 거칠수록 물의 양이 늘어난다.

현미밥의 수분 함량에 따라서도 반죽의 되기가 달라진다.

현미밥은 반죽 마지막에 넣고 밥알이 으깨지지 않도록 살살 섞는다.

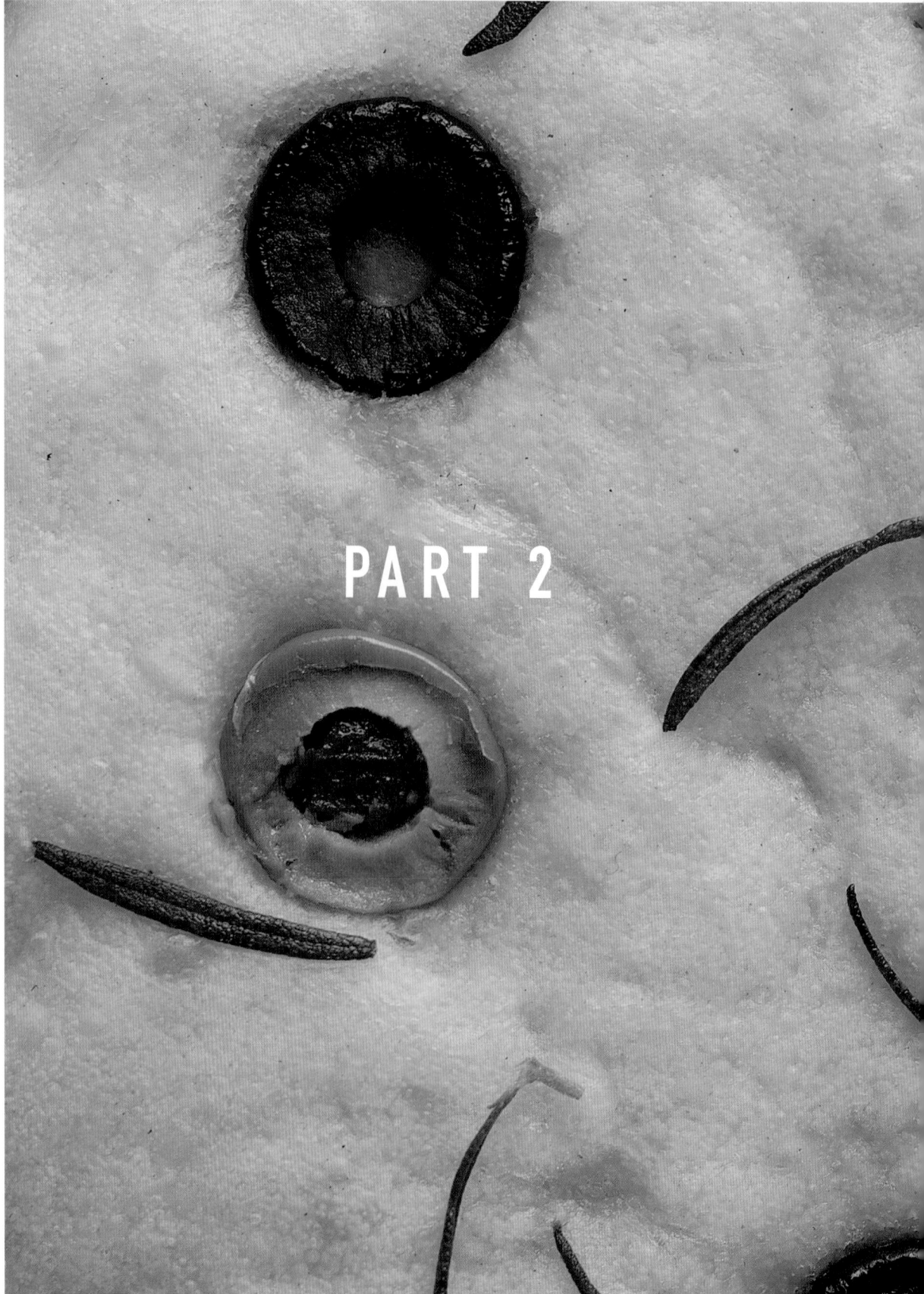

PART 2

# CIABATTA
# &
# FOCACCIA
—  치아바타와 포카치아  —

# 플레인치아바타

이탈리아의 대표적인 빵 치아바타는 맛이 담백해 인기가 좋습니다. 치아바타는 샌드위치를 만들어도 좋고, 올리브유와 발사믹 식초를 섞어 찍어 먹기만 해도 맛있습니다. 이후 소개하는 치아바타 레시피는 모두 플레인치아바타 레시피를 기본으로 합니다.

3개 분량

─────── 전 반죽 재료 ───────

강력분 100g

물 100g

생이스트 0.4g(또는 인스턴트 드라이이스트 0.2g)

─────── 본 반죽 재료 ───────

강력분 170g

통밀가루 · 호밀가루 2g씩

소금 4~5g

생이스트 3g(또는 인스턴트 드라이이스트 1g)

물 110g 이상

## 전 반죽

1  하루 전에 전 반죽 재료를 모두 볼에 넣고 잘 섞는다.

2  ①의 볼에 랩을 씌우거나 반죽을 뚜껑이 있는 통에 넣는다. 랩을 씌운다면 구멍을 2~3개 뚫어 공기가 통하게 하고, 통에 넣어둔다면 뚜껑을 꽉 닫지 않는다.

3  ②의 반죽을 실온(24℃ 정도)에서 15시간 이상 발효시킨다. 글루텐 상태를 보아 반죽이 거미줄처럼 탄력있게 늘어나면 완성이다.

### 반죽

4   ③의 반죽에 본 반죽 재료를 넣고 주걱으로 가볍게 섞는다.

5   ④를 반죽기에 넣고 매끈하게 글루텐이 생길 때까지 6~10분간 반죽한다.

*   치아바타는 종류에 따라 반죽 과정에서 재료를 추가할 수 있다. 이 책에서는 감자, 올리브로즈메리, 오징어먹물치즈 치아바타를 소개하는데, 손질한 첨가 재료를 ⑤번 과정에 넣으면 된다.

## 1차 발효, 폴딩

6   ⑤의 반죽 온도를 26℃로 맞추고 실온이
    나 28℃ 정도에서 1차 발효시킨다.

7   1차 발효를 시작하고 20~30분 뒤에 잠시
    꺼내 폴딩한다. 반죽이 질어 손에 달라붙
    으므로 얼음물에 손을 담갔다가 차가워진
    손으로 반죽을 늘렸다가 접는다.

8   따뜻한 여름에는 1시간 안에 반죽의 부피
    가 2배가 된다. 추운 겨울에는 한 번 더 가
    볍게 폴딩하고 부풀려 2배가 되면 1차 발
    효를 마무리한다.

#### 분할

**9** ⑧의 반죽에 덧가루를 뿌려 작업대에 놓고 직사각 모양을 만든다.

**10** ⑨의 반죽을 스크레이퍼로 3등분한다. 반죽 하나가 150g 정도 된다.

#### 2차 발효

**11** 광목천에 많은 양의 강력분을 뿌려 코팅하 듯 바른 뒤, 분할한 반죽을 광목천으로 옮겨 실온에서 30~40분 정도 2차 발효시킨다. 반죽의 윗면이 광목천과 맞닿게 놓아야 하며, 반죽이 발효되면서 옆으로 처지지 않도록 광목천을 세워 반죽을 받친다.

**12** 위로 노출된 면이 마르지 않도록 반죽 표면을 천으로 덮는다.

---

#### 굽기

**13** 발효가 끝나면 나무판이나 스크레이퍼를 이용해 오븐용 테프론 시트로 반죽을 옮긴다. 이때 반죽 밑면이 위쪽으로 가게 놓는다.

**14** 데크 오븐은 230/220℃, 가정용 컨벡션 오븐은 220℃로 예열한다. 컨벡션 오븐의 경우 빵이 들어갈 자리에 철판을 미리 끼워두고 예열한다. 테프론 시트에 놓인 빵을 예열한 오븐에 넣고 약 10분간 굽는다.(데크 오븐의 경우 반죽을 넣은 다음 온도를 220/200℃로 낮춘다.) 색이 나고 겉이 바삭한 식감을 좋아한다면 5~8분 정도 더 굽는다.

**TIP**

컨벡션 오븐을 사용할 때는 빵이 전체적으로 너무 타지 않도록 주의한다.
테프론 시트 위에 반죽을 올리고 철판 없이 오븐에 넣는 이유는 반죽에 직접 열이 닿게 하기 위해서다.
달구지 않은 철판에 반죽을 올려 넣으면 철판이 달구어지는 시간 때문에 빵이 부푸는 시간이 좀 더 걸리며, 그 사이에 빵의 윗면이 구워지고 전체적으로 빵이 덜 부풀어 딱딱하고 무겁게 익는다.
통밀가루와 호밀가루가 없을 때는 생략해도 된다.
프랑스 밀가루(T55, T65)를 사용해도 좋다.

## 다양한 치아바타 만들기

플레인치아바타를 만들어봤다면
재료만 조금 달리 해서 다양한 풍미의 치아바타를 만들어보세요.
반죽에 들어가는 재료만 다를 뿐 만드는 법은 같습니다.

# 감자치아바타

삶은 감자를 넣어 담백하고 쫀득한 식감의 치아바타입니다. 플레인치아바타가 조금 심심하게 느껴질 때 만들어보세요. 갓 구운 감자치아바타는 한번 먹어보면 그 맛을 잊을 수 없답니다.

### 전 반죽 재료

강력분 100g, 물 100g, 생이스트 0.4g(또는 인스턴트 드라이이스트 0.2g)

### 본 반죽 재료

강력분 170g, 소금 5g, 생이스트 3g(또는 인스턴트 드라이이스트 1g), 물 90g, 삶은 감자 60g, 올리브유 20g

### 만드는 법

만드는 법은 플레인 치아바타와 같다.(130쪽 참조) 다만 반죽에 삶은 감자를 으깨서 넣는데, 감자가 수분을 너무 많이 흡수하지 않도록 찜기에 찌고 통감자의 거친 느낌을 원한다면 껍질째 으깨서 반죽에 넣는다.

감자가 드문드문 보이게 하고 싶다면 반죽 마지막 단계에 넣고 1분 이내로 섞으면 감자 덩어리가 남아 색다른 식감을 낼 수 있다.

# 올리브로즈메리치아바타

올리브는 치아바타와 제일 잘 어울리는 재료입니다. 블랙 올리브에 로즈메리로 향을
더한 치아바타를 만들어보세요. 올리브는 식감이 질기지 않은 통조림 올리브를 사용
하면 좋습니다.

### 전 반죽 재료

강력분 100g, 물 100g, 생이스트 0.4g(또는 인스턴트 드라이이스트 0.2g)

### 본 반죽 재료

강력분 170g, 소금 4g, 생이스트 3g(또는 인스턴트 드라이이스트 1g), 물 90g, 블랙 올리브 70g, 올리
브유 20g, 로즈메리 1~2작은술

### 만드는 법

만드는 법은 플레인 치아바타와 같다.(130쪽 참조) 다만 본 반죽 재료 중 블랙 올리브는 통조림에
서 꺼내 체에 밭쳐 물기를 뺀 다음 2~3등분하고, 5번 과정에서 글루텐이 생기면 넣고 저속으로
30~60초간 섞는다.
올리브가 너무 짠 경우 물로 씻은 다음 키친타올로 물기를 닦아 준비한다. 반드시 반죽 마지막에 넣
어야 올리브가 많이 으깨지지 않고 모양이 살아 있다.

# 오징어먹물치즈치아바타

오징어먹물을 넣어 바다내음 물씬 풍기는 치아바타를 만들어보세요. 치즈를 더하면 담백하면서도 고소한 맛이 납니다.

### 전 반죽 재료

강력분 100g, 물 100g, 생이스트 0.4g(또는 인스턴트 드라이이스트 0.2g)

### 본 반죽 재료

강력분 170g, 소금 3g, 생이스트 3g(또는 인스턴트 드라이이스트 1g), 물 90g, 오징어먹물 16g, 올리브유 20g, 롤 치즈 60g

### 만드는 법

만드는 법은 플레인 치아바타와 같다.(130쪽 참조) 다만 본 반죽 재료 중 롤 치즈는 5번 과정에서 글루텐이 생기면 넣고 저속으로 30~60초간 섞는다.
오징어먹물은 병조림 제품을 사용한다. 먹물과 치즈 모두 약간의 소금기가 있으므로 반죽할 때 소금을 적게 넣는다.

# 올리브포카치아

포카치아는 치아바타와 함께 이탈리아에서 사랑받는 빵입니다. 치아바타와 만드는 방법은 비슷하지만 올리브유를 듬뿍 넣기 때문에 반죽이 폭신폭신합니다. 이후 소개하는 포카치아 레시피는 모두 올리브포카치아 레시피를 기본으로 합니다.

2호 타르트 틀(지름 16㎝) 3개 분량

### 전 반죽 재료

강력분 100g

물 90g

생이스트 0.4g(또는 인스턴트 드라이이스트 0.2g)

### 본 반죽 재료

강력분 170g

소금 4g

설탕 3g

생이스트 3g(또는 인스턴트 드라이이스트 1g)

물 90g

올리브유 30g

### 첨가 재료

올리브 9개

로즈메리 · 올리브유 약간씩

────── 전 반죽 ──────

**1** 하루 전에 전 반죽 재료를 모두 볼에 넣고 잘 섞는다.

**2** ①의 볼에 랩을 씌우거나 반죽을 뚜껑이 있는 통에 넣는다. 랩을 씌운다면 구멍을 2~3개 뚫어 공기가 통하게 하고, 통에 넣어둔다면 뚜껑을 꽉 닫지 않는다.

**3** ②를 실온(24℃ 정도)에서 15시간 이상 발효시킨다. 글루텐 상태를 보아 반죽이 거미줄처럼 탄력있게 늘어나면 완성이다.

────── 반죽 ──────

**4** ③의 반죽에 본 반죽 재료를 넣고 주걱으로 가볍게 섞는다.

**5** ④를 반죽기에 넣고 매끈하게 글루텐이 생길 때까지 6~10분간 반죽한다.

### 1차 발효, 편칭

6  ⑤의 반죽 온도를 26℃로 맞추고 실온이
   나 28℃ 정도에서 1차 발효시킨다.

7  1차 발효를 시작하고 20~30분이 지나
   면 잠시 꺼내 편칭한다. 반죽을 주먹으로
   4~5번 가볍게 눌러 가스를 빼고 크게 둥
   글린다.(편칭 대신 폴딩을 해도 된다.)

8  따뜻한 여름에는 1시간 안에 반죽의 부
   피가 2배가 된다. 추운 겨울에는 한 번 더
   가볍게 편칭하고 부풀려 2배가 되면 1차
   발효를 마무리한다.

### 분할

9  ⑧의 반죽을 스크레이퍼로 3등분한다. 반
   죽 하나가 150g 정도 된다.

### 벤치타임

**10** ⑨의 반죽을 각각 가볍게 둥글리기를 한 다음 20분간 벤치타임을 가진다.

### 성형

**11** 반죽이 1.5배 정도 부풀면 밀대로 밀어 2호 타르트 틀에 맞게 동그랗게 편 다음, 반으로 자른 올리브와 로즈메리를 콕콕 눌러 박고 겉면에 올리브유를 가볍게 바른다.

### 2차 발효, 굽기

**12** ⑪을 실온이나 32~35℃ 정도에서 30분간 2차 발효시킨다. 데크 오븐은 230/230℃로 예열해두었다가 반죽을 넣고 210/200℃로 온도를 내린 다음 스팀을 주고 10분간 굽는다. 표면의 색깔을 보면서 조금 하얗게 또는 색이 많이 나게 2~5분간 더 구워도 된다. 컨벡션 오븐은 220℃로 예열한 다음 200~210℃에서 10분간 굽는다.(스팀은 생략 가능)

### TIP
컨벡션 오븐을 사용할 때는 반죽의 색을 보면서 온도를 조금 더 낮추어도 된다.
매운맛을 좋아한다면 ⑪번 과정에서 올리브와 함께 할라피뇨를 콕콕 박아도 좋다.

## 다양한 포카치아 만들기

올리브포카치아의 재료와 만드는 방법을 기본으로 하고,
반죽 위에 올리는 첨가 재료만 달리하면 다양한 포카치아를 만들 수 있습니다.
여기에 소개하는 포카치아 외에도 원하는 재료를 올려
자신만의 포카치아를 만들어보세요.

# 건조토마토와 구운가지포카치아

토마토와 가지로 포카치아를 만들면 맛이 좀 더 풍성합니다. 토마토의 새콤한 맛과 가지의 담백한 맛이 잘 어우러지지요.

**재료**

올리브포카치아 재료(143쪽 참조)에서 첨가 재료만 달라진다.
건조 토마토 21개 정도, 가지 1개, 올리브유 약간

**만드는 법**

1    건조 토마토 만들기는 토마토식빵 만드는 법(100쪽)을 참조하고, 가지는 0.8~1㎝ 두께로 동그랗게 썬 다음 올리브유를 두른 프라이팬에 앞뒤로 살짝 구워낸다.

2    이후 과정은 올리브포카치아 만드는 법과 같다.(144쪽 참조) 다만 11번 과정에서 반죽 위에 ①에서 준비한 재료를 올린 다음 붓으로 가볍게 올리브유를 바른다. 바질을 함께 올려도 잘 어울린다.

# 어니언포카치아

양파는 어디에나 잘 어울리는 재료지요. 포카치아 반죽 위에 치즈와 함께 올려 구우면 그 누구의 입맛도 만족시킬 수 있을 것입니다.

### 재료

올리브포카치아 재료(143쪽 참조)에서 첨가 재료만 달라진다.
양파 1/2개, 슬라이스 체다 치즈 3장, 블랙페퍼 약간

### 만드는 법

1   양파는 아주 얇게 채 썬 다음 찬물에 담가 매운맛을 빼고 체에 밭쳐 물기를 제거한다.
2   이후 과정은 올리브포카치아 만드는 법과 같다.(144쪽 참조) 다만 11번 과정에서 반죽 위에 체다 치즈를 한 장씩 올린 다음 치즈가 보이지 않을 정도로 ①의 양파를 듬뿍 올리고 블랙페퍼를 갈아서 뿌린다.

# 연어와 아스파라거스포카치아

연어와 아스파라거스를 올리면 정말 든든한 한 끼를 챙길 수 있는 식사 빵이 됩니다.
다양한 모양으로 토핑해보는 재미도 있습니다.

## 재료

올리브포카치아 재료(143쪽 참조)에서 첨가 재료만 달라진다.
연어 3~6조각, 아스파라거스 9~12개, 케이퍼 9~12알, 양파 1/4개, 올리브유·레몬 조각 약간씩

## 만드는 법

1   아스파라거스는 부드러운 윗부분 10㎝ 정도만 잘라 올리브유를 두른 프라이팬에 살짝 구워낸
    다. 양파는 아주 얇게 채 썬 다음 찬물에 담가 매운맛을 빼고 체에 밭쳐 물기를 제거한다.

2   이후 과정은 올리브포카치아 만드는 법과 같다.(144쪽 참조) 다만 11번 과정에서 반죽 위에 ①
    의 양파를 골고루 올린 다음 ①의 아스파라거스 3~4개씩, 연어 1~2조각씩, 케이퍼 3~4알씩
    을 올린다. 그 다음 연어 위에 레몬즙을 짜고 그 조각도 올린다. 마지막으로 토핑 재료 위에 올
    리브유를 살짝 바른다.

# 푸가스

푸가스는 나뭇잎 모양의 얇은 빵으로 카레와 함께 먹는 난과 비슷합니다. 취향에 따라 자유롭게 성형할 수 있고, 굽는 시간이 짧은 것도 장점입니다.

## 재료

올리브포카치아 반죽 재료(143쪽 참조)와 같다.

## 만드는 법

1  올리브포카치아 만드는 법 10번까지 진행한다.(144쪽 참조)

2  ①의 반죽이 1.5배 정도 부풀면 밀대로 밀어 타원형이나 비파형으로 편다.

3  아마존에서 만날 법한 큰 나뭇잎이라고 생각하며 스크레이퍼를 이용해 반죽에 구멍을 낸다.

4  ③을 테프론 시트나 철판으로 옮겨 푸가스의 모양을 잡고 실온에서 20~30분간 발효시킨다.

5  데크 오븐은 230/230℃로 예열했다가 반죽을 넣고 210/200℃로 온도를 내린 다음 스팀을 주고 8~10분간 굽는다. 컨벡션 오븐은 220℃로 예열한 다음 200~210℃로 8분간 굽는다.(스팀 생략 가능)

## TIP

푸가스에 올리브, 베이컨, 로즈메리를 토핑해도 좋다. 올리브유를 바르고 구워도 되며, 취향에 따라 파르메산 치즈가루나 블랙페퍼, 레드페퍼를 뿌리기도 한다.

PART 3

# BAGEL

—— 베이글 ——

# 플레인베이글

플레인베이글은 맛이 담백해 어떤 샌드위치를 만들어도 잘 어울립니다. 쫀득하면서도 속살은 촉촉한 식감이 특징이지요. 갓 구운 베이글은 지퍼백에 밀봉해 냉동실에 넣으면 신선하게 보관할 수 있습니다. 플레인베이글 만드는 법을 기본으로 기호에 따라 다양한 재료를 넣어 반죽하면 색다른 베이글을 만들 수 있습니다.

4개 분량

─────── 반죽 재료 ───────

강력분 260g

소금 4g

생이스트 8g(또는 인스턴트 드라이이스트 4g)

설탕 12g

물 155g 정도

─────── 반죽 ───────

1  모든 재료를 반죽기에 넣고 저속으로 2분,
   중속으로 4~8분 정도 반죽하면서 글루텐
   상태를 확인한다.
   글루텐 상태는 사진과 같이 반죽을 늘렸을
   때 손이 비치는 정도면 된다.

2  상태를 보며 1~2분 정도 더 반죽한다.

3  반죽을 매끄럽게 둥글린다.

─────── 1차 발효 ───────

4  ③의 반죽 온도를 28~30℃로 맞춘다.

5  ④의 반죽이 2.5배 정도로 부풀 때까지
   30~50분간 1차 발효시킨다.

| 분할 | 벤치타임 |
|---|---|
| 6 ⑤의 반죽을 4등분한다. 반죽 하나가 106g 정도 된다. | 7 분할한 반죽을 각각 공처럼 둥글려 가스를 뺀 다음 10~20분 정도 벤치타임을 가진다. |

#### 성형

8   ⑦의 반죽을 밀대로 밀어 타원형으로 편다.

9   ⑧을 안쪽을 위로 두고 살짝 당기듯 안으
     로 접어가며 돌돌 만다.

10  ⑨를 베이글 모양으로 둥글게 성형한 다
     음 양쪽 끝을 이어 붙인다.

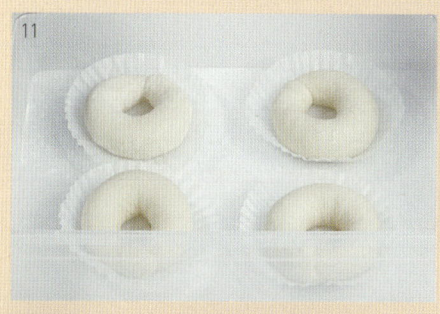

### 2차 발효

**11** ⑩을 각각 유산지나 종이 머핀 틀에 올려 놓고 15~20분 정도 2차 발효시킨다. 1.5배 이상 부풀면 발효를 마친다.

### 보일링

**12** 2차 발효되는 동안 보일링 물을 준비한 다. 큰 냄비에 뜨거운 물을 80% 정도 채 운 다음 설탕 1~2큰술을 넣고 끓이는 것 이다. 보일링은 오븐에 구웠을 때 먹음직 스러운 색을 내기 위해 표면에 당을 첨가 하는 과정으로, 설탕 대신 베이킹소다, 물 엿, 꿀 등을 사용하기도 한다. 베이킹소다 를 사용하면 표면이 더 팽팽해지는 효과 가 있다.

**13** ⑫에 2차 발효된 반죽을 윗면부터 넣 어 양면을 모두 데친다. 반죽 한쪽 면당 35~60초씩 데친다.

## 굽기

**14** ⑬을 철판에 팬닝한다.

**15** 데크 오븐은 205/150℃에서 15분간 굽는
다. 컨벡션 오븐은 200℃로 예열한 다음
190℃에서 10분간 굽고, 색을 보며 180℃
에서 3~5분 정도 더 굽는다.

**TIP**
좀 더 쫄깃한 베이글을 만들고 싶다면 저온 숙성을 이용한다.

1 기본 과정의 1~5번을 진행하되 5번 과정에서 20~30분 정도로 발효 시간을 조금 줄인다.
2 ①의 반죽을 4등분한다. 반죽 하나가 106g 정도 된다.
3 ②의 반죽을 뚜껑이 있는 통에 넣고 분무기로 뚜껑에 물을 조금 뿌린 다음 냉장고에 넣어 24시간 저온 숙성시킨다.
4 ③의 반죽을 실온에 두어 자연 해동시킨다. 계절에 따라 반죽이 실온으로 돌아오는 시간은 조금씩 달라진다.
5 실온으로 돌아온 반죽을 다시 둥글린 다음 20분 정도 벤치타임을 가진다.
6 벤치타임 후 기본 과정의 8~15번을 진행한다.

# 다양한 베이글 만들기

플레인베이글 만드는 방법을 기본으로,
반죽 재료만 달리하면 다양한 베이글을 만들 수 있습니다.
취향에 맞게 만들어보세요.

# 어니언베이글

양파에 열을 가하면 단맛이 배어나오는데, 이것을 빵 반죽에 넣으면 반죽 전체로 양파의 향과 단맛이 퍼집니다. 양파는 베이컨, 바질, 후추와도 참 잘 어울리는 재료입니다. 반죽에 함께 넣거나 샌드위치 재료로 사용해도 좋아요.

### 반죽 재료

강력분 260g, 소금 4g, 생이스트 8g(또는 인스턴트 드라이이스트 4g), 설탕 20g, 물 150g 정도, 어니언프라이 15~20g, 올리브유 5g

### 만드는 법

만드는 법은 플레인베이글과 같다.(160쪽 참조) 다만 어니언프라이를 미리 준비해 반죽 마지막 과정에 넣고 고루 분포되도록 섞는다.

**어니언프라이** 양파 100g을 가로세로 1㎝ 크기로 깍둑 썬 다음 프라이팬에 올리브유를 두르고 살짝 갈색이 날 때까지 볶는다. 1~2일간 종이 포일 위에 펼쳐놓고 수분을 살짝 말린다.

### TIP

시판 건조 양파의 경우 5g 정도를 올리브유에 버무려서 사용한다.

# 흑임자베이글

흑임자를 살짝 갈아서 베이글 반죽에 넣어보세요. 참깨를 함께 사용해도 좋습니다.
고소함이 입안 가득 퍼지는 베이글이 만들어집니다.

**반죽 재료** ────────

강력분 260g, 소금 4g, 생이스트 8g(또는 인스턴트 드라이이스트 4g), 흑설탕 25g, 물 155g 정도,
반죽용 흑임자 10g, 장식용 흑임자 4g

**만드는 법** ────────

만드는 법은 플레인베이글과 같다.(160쪽 참조) 다만 반죽용 흑임자를 소형 믹서로 거칠게 갈아 반
죽 마지막 과정에 넣고 고루 분포되도록 섞는다. 장식용 흑임자는 보일링한 베이글을 철판에 팬닝한
다음 수분이 마르기 전에 뿌려 장식한다.

# 견과류베이글

여러 가지 견과류를 넣어 오독오독 씹히는 맛이 재미있는 베이글입니다. 완성된 베이글은 크림치즈만 발라도 균형 잡힌 한 끼 식사가 됩니다.

## 반죽 재료

강력분 240g, 통밀가루 20g, 소금 4g, 생이스트 8g(또는 인스턴트 드라이이스트 4g), 설탕 20g, 물 165g 정도, 호두 · 피칸 · 호박씨 · 해바라기씨 25~30g, 장식용 견과류 약간

## 만드는 법

만드는 법은 플레인베이글과 같다.(160쪽 참조) 다만 견과류는 170℃ 오븐에 10~15분 정도 구워 색을 낸 다음 반죽 마지막 과정에 넣고 고루 분포되도록 섞는다. 장식용 견과류는 보일링한 베이글을 철판에 팬닝한 다음 수분이 마르기 전에 뿌려 장식한다.

## TIP
견과류는 기름이 살짝 배어나와 표면에 송골송골 맺히고 색이 살짝 날 정도로 구우면 비린 맛이 없고 더 고소하다.

# 유자크랜베리베이글

달콤한 유자청과 새콤한 크랜베리를 넣어 만든 베이글입니다. 베이글만 먹어도 새콤
달콤한 맛이 좋지만, 과일잼이나 크림치즈와도 정말 잘 어울린답니다.

## 반죽 재료

강력분 260g, 소금 4g, 생이스트 8g(또는 인스턴트 드라이이스트 4g), 물 150g 정도,
잘게 썬 유자청 40g, 럼에 절인 건조 크랜베리 16g

## 만드는 법

만드는 법은 플레인베이글과 같다.(160쪽 참조) 다만 잘게 썬 유자청과 크랜베리를 반죽 마지막 과
정에 넣고 고루 분포되도록 섞는다.

## TIP
유자청은 유자 건더기와 액체를 함께 계량한다.
유자청으로 인해 수분 함량이 변할 수 있으므로 반죽의 되기를 잘 맞추는 게 중요하다.

# 시나몬레즌베이글

환상의 궁합을 자랑하는 시나몬과 건포도는 베이글뿐만 아니라 시나몬롤, 식빵, 데
니시 등 다양한 빵을 만드는 데 활용할 수 있습니다. 초코칩을 함께 넣어 달콤한 맛을
더해도 잘 어울립니다.

### 반죽 재료

강력분 240g, 통밀가루 20g, 설탕 20g, 소금 4g, 생이스트 8g(또는 인스턴트 드라이이스트 4g),
물 165g 정도, 시나몬가루 2작은술, 럼에 절인 건포도 20~30g

### 만드는 법

만드는 법은 플레인베이글과 같다.(160쪽 참조) 다만 럼에 절인 건포도와 시나몬가루를 잘 버무려
반죽 마지막 과정에 넣고 고루 분포되도록 섞는다.

# 블루베리베이글

블루베리의 상큼한 맛과 함께 자연 그대로의 예쁜 보랏빛을 지닌 베이글입니다. 여기에서는 냉동 블루베리를 사용했지만 건조 블루베리를 넣어 쫀득한 식감을 더해도 좋아요.

**반죽 재료** ─────────

강력분 260g, 소금 4g, 생이스트 8g(또는 인스턴트 드라이이스트 4g), 물 80g 정도, 냉동 블루베리 100g

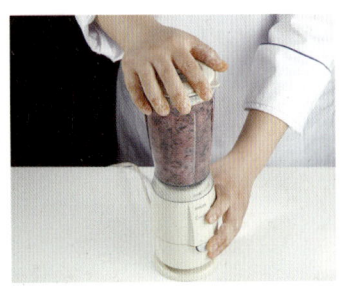

**만드는 법** ─────────

만드는 법은 플레인베이글과 같다.(160쪽 참조) 다만 냉동 블루베리를 물과 함께 믹서에 갈아 반죽을 시작할 때 넣는다. 이때 반죽의 수분량을 잘 맞춰야 한다.

**TIP**
건조 블루베리를 사용한다면 베이글 모양으로 돌돌 말 때 넣고 성형한다.

# 치아시드단팥베이글

단팥빵처럼 단팥앙금을 넣어 만든 색다른 베이글입니다. 치아시드로는 톡톡 씹는 맛을 더했습니다. 바질시드, 포피시드 등 다양한 씨앗을 넣어 건강한 베이글을 만들어 보세요.

**반죽 재료** ────────

강력분 260g, 소금 4g, 생이스트 8g(또는 인스턴트 드라이이스트 4g), 설탕 15g, 물 160g 정도, 치아시드 1큰술, 성형용 단팥앙금 140g

**만드는 법** ────────

만드는 법은 플레인베이글과 같다.(160쪽 참조) 다만 치아시드는 반죽 마지막 과정에 넣고 고루 분포되도록 섞는다. 단팥앙금은 성형 과정에서 밀대로 밀어 타원형으로 편 반죽 하나에 35g씩 길쭉하게 올린 다음 반죽을 돌돌 만다.

# 먹물치즈베이글

먹물을 넣어 새까만 베이글에 겉에도 속에도 노란 치즈가 가득합니다. 치즈를 세 가지 종류나 사용하기 때문에 먹음직스러운 모양만큼 풍부한 맛을 즐길 수 있습니다.

## 반죽 재료

강력분 260g, 소금 3g, 생이스트 8g(또는 인스턴트 드라이이스트 4g), 설탕 15g, 먹물 15g, 물 150g 정도, 롤 치즈 20g, 성형용 슬라이스 치즈 2장, 슈레드 치즈 적당량

## 만드는 법

만드는 법은 플레인베이글과 같다.(160쪽 참조) 다만 먹물은 반죽을 시작할 때 넣고, 롤 치즈는 반죽 마지막 과정에 넣어 고루 분포되도록 섞는다. 이때 치즈가 으깨지지 않도록 조심한다. 슬라이스 치즈는 성형 과정에서 밀대로 밀어 타원형으로 편 반죽 하나에 반쪽씩 길쭉하게 올린 다음 반죽을 돌돌 만다. 장식용 채 썬 치즈는 보일링한 베이글을 철판에 팬닝한 다음 수분이 마르기 전에 뿌려 장식한다.

## TIP

먹물은 시판 제품을 사용한다. 먹물치즈베이글은 장식용 치즈와 함께 슬라이스한 양파를 듬뿍 올려 구워도 무척 잘 어울린다. 롤 치즈가 없을 경우 피자 치즈를 사용해도 좋다.

# 베이컨페퍼베이글

베이컨과 후추를 넣고 반죽해 든든한 한 끼가 되는 베이글입니다. 달걀과 아스파라거
스를 더해 샌드위치를 만들면 맛있습니다. 이 레시피를 응용해서 페페론치니 가루,
허브 등을 넣어 만들어도 좋아요.

### 반죽 재료

강력분 260g, 소금 4g, 생이스트 8g(또는 인스턴트 드라이이스트 4g), 황설탕 15g, 물 160g 정도,
반죽용 통후추 으깬 것 1g, 말린 베이컨 10g, 성형용 통후추 으깬 것 1큰술

### 만드는 법

만드는 법은 플레인베이글과 같다.(160쪽 참조) 다만 말린 베이컨과 으깬 통후추는 반죽 마지막 과
정에 넣고 고루 분포되도록 섞는다. 성형용 통후추는 보일링한 베이글을 철판에 팬닝한 다음 수분이
마르기 전에 뿌려 장식한다.

### TIP

반죽용 통후추는 전용 그라인더로 살짝 갈거나 소형 믹서로 거칠게 간다.
베이컨은 시판하는 말린 베이컨 조각(샐러드용)을 사용하면 좋다.
훈제베이컨의 경우 프라이팬에 베이컨을 바삭하게 구워 기름을 빼고 잘게 부숴 넣는다.

산딸기잼

밀크잼

밀크&밀크티

# Plus recipe
## 식사 빵에 곁들이면 좋은
## 잼과 치즈

발사믹드레싱

리코타치즈

# 밀크잼

### 재료 600mL 분량 ——————

우유 900mL, 생크림 500mL, 설탕 200g(기호에 따라 조절 가능)

### 만드는 법 ——————

1   모든 재료를 냄비에 넣고 끓인다.
2   바닥에 눌어붙지 않도록 주걱으로 저으면서 40분 정도 끓인다.
3   걸쭉해지면 찬물에 한 방울 떨어뜨려본다. 뭉쳐서 풀어지지 않으면 완성.
4   완성된 잼을 소독한 유리병에 담고 뜨거운 상태에서 뚜껑을 닫는다.
5   뚜껑이 아래쪽으로 가도록 병을 뒤집어놓는다. 열과 압력으로 밀봉돼 처음 열 때 펑 소리가 날 정도로 공기
    가 완전히 차단된다.

### TIP

냄비는 모든 재료를 넣었을 때 반 정도 차는 크기가 좋다. 냄비가 너무 작으면 끓으면서 넘칠 수 있다.
유리병을 소독할 때는 병과 뚜껑 모두 찬물에서부터 넣고 끓인다. 물이 끓을 때 유리병을 넣으면 깨질 수 있다.

# 밀크 & 밀크티잼

### 재료 600mL 분량 ——————

**밀크티잼 :** 우유 450mL, 생크림 250mL, 설탕 90g, 얼그레이 티백 3개, 물 80mL
**밀크잼 :** 우유 450mL 생크림 250mL, 설탕 90g

### 만드는 법 ——————

1   밀크티잼을 먼저 만든다. 냄비에 물을 붓고 끓인 다음 불을 끄고 얼그레이 티백 3개를 넣어 10분 정도 우린다.
2   ①에 우유와 생크림, 설탕을 넣고 티백 2개는 꺼내고 1개는 터뜨려 함께 끓인다.

**3** 바닥에 눌어붙지 않도록 주걱으로 저으면서 40분 정도 끓인다.

**4** 걸쭉해지면 찬물에 한 방울 떨어뜨려본다. 뭉쳐서 풀어지지 않으면 완성.

**5** 완성된 잼을 소독한 유리병에 담는다.

**6** 다른 냄비에 밀크잼을 만들어 ⑤의 밀크티잼이 차갑게 식으면 그 위에 붓는다. 이렇게 투 톤으로 만들면 2개
의 잼을 얼마나 섞느냐에 따라 다양한 농도의 맛을 즐길 수 있다.

# 산딸기잼

## 재료 600mL 분량 ─────

산딸기 500g, 설탕 250g, 레몬 1/2개

## 만드는 법 ─────

**1** 볼에 산딸기와 설탕을 넣고 잘 버무린 뒤 주걱으로 살짝 으깬다.

**2** ①을 냄비에 넣고 바닥에 눌어붙지 않도록 주걱으로 저으면서 걸쭉해질 때까지 끓인다.

**3** 잼이 거의 완성되면 레몬껍질의 노란 부분과 레몬즙을 넣고 한 번 더 끓인다.

**4** 걸쭉해지면 찬물에 한 방울 떨어뜨려본다. 뭉쳐서 풀어지지 않으면 완성.

**5** 완성된 잼을 소독한 유리병에 담고 뜨거운 상태에서 뚜껑을 닫아 거꾸로 세워둔다.

## TIP

냉동 산딸기를 사용하면 편리하다. 블루베리, 망고 등 다른 냉동 과일로도 같은 방법으로 만들 수 있다.

레몬껍질은 베이킹소다를 푼 물에 넣어 뽀독뽀독 씻고 수세미로 틈새까지 잘 닦은 후 흐르는 물에 잘 씻어 사용한다.

# 리코타치즈

**재료** 600mL 분량 ────────────────

우유 1000mL, 생크림 500mL, 소금 1~2작은술, 레몬즙 1개 분량(40mL)

## 만드는 법 ────────────────

1  냄비에 우유, 생크림, 소금을 넣고 넘치지 않도록 주의하며 중간 불로 끓인다.

2  ①이 끓어오르려고 하면 레몬즙을 넣고 살짝 젓는다.

3  우유가 뭉치며 몽글몽글한 덩어리가 되면 약한 불로 10~20분 정도 더 끓이고 너무 많이 젓지 않는다.

4  거름망 위에 젖은 면포를 깔고 ③을 붓는다.

5  유청이 빠지도록 거름망채로 냉장고에 12시간 정도 넣어두었다가 단단해지면 완성이다.

## TIP

생크림을 빼고 우유, 소금, 레몬즙만으로 만들면 지방이 적은 코티지치즈가 된다.

# 발사믹드레싱

올리브유와 발사믹 식초 두 가지만 섞으면 됩니다. 만들기가 간단하고 담백한 빵을 찍어 먹으면 맛도 좋지요. 특히 치아바타나 포카치아와 정말 잘 어울립니다. 기호에 따라 바질, 로즈메리 등 허브를 곁들일 수 있습니다.

# 간단히 만들어 곁들이기

따로 조리할 필요 없이 작은 그릇에 같이 담아 섞기만 하면 됩니다.

딸기크림치즈

시나몬크림치즈

연유크림치즈

바질크림치즈

피넛크림치즈

유자크림치즈

—

## 딸기크림치즈

크림치즈 80g, 연유 10g, 딸기 5개를 으깬 것(60~70g), 소금 아주 조금

**TIP**

딸기 외에 블루베리, 바나나, 파인애플, 키위 등으로도 크림을 만들 수 있다.
생딸기 대신 딸기잼 2~3큰술을 섞어 만들면 더욱 간편하다.
소금은 넣지 않아도 되지만 극소량만 넣으면 단맛이 더욱 살아난다.

—

## 연유크림치즈

크림치즈 80g, 연유 20g, 소금 아주 조금

**TIP**

연유 대신 아카시아꿀, 메이플시럽, 초콜릿시럽 등을 넣어 만들어도 좋다.

—

## 바질크림치즈

크림치즈 80g, 사워크림 80g, 바질 페이스트 30~40g

**TIP**

**바질 페이스트(200g 기준)** 바질 100g, 마늘 5톨, 파마산치즈가루 12g, 잣 12g,
올리브유 70mL, 소금 · 후추 한 꼬집씩을 믹서에 넣고 간다.

—

## 시나몬크림치즈

크림치즈 80g, 연유 10g, 시나몬가루 3g

**TIP**

시나몬과 잘 어울리는 바나나, 사과 등과 함께 샌드위치를 만들어 먹어도 좋다.

—

## 피넛크림치즈

크림치즈 80g, 피넛버터 40g, 메이플시럽 10g

—

## 유자크림치즈

크림치즈 80g, 유자청 40g, 사워크림 30g